服装机械使用维修技术丛书

服饰加工机械使用维修技术

王文博　主编

金盾出版社

内 容 提 要

本书系服装机械使用维修技术丛书之一。系统阐述了服饰加工机械使用和维修技术。主要内容包括:曲折缝缝纫机,丰田 AD550 系列曲折拼缝机,胜家 457U 系列高速曲折缝缝纫机,装饰线缝纫机,重机 MF-7800 系列高速筒式装饰缝缝纫机,绣花机,兄弟 BAS 型电脑绣花机,月牙机、抽褶机和珠边机。

本书特点是所述技术先进,可操作性强,适用于服装企业机械设备使用、保养、维修和管理人员学习和使用,也可以作为相关培训班的培训教材。

图书在版编目(CIP)数据

服饰加工机械使用维修技术/王文博主编. —北京:金盾出版社,2017.5

(服装机械使用维修技术丛书)

ISBN 978-7-5186-1225-3

Ⅰ.①服…　Ⅱ.①王…　Ⅲ.①服装机械—机械维修　Ⅳ.①TS941.562

中国版本图书馆 CIP 数据核字(2017)第 045304 号

金盾出版社出版、总发行

北京太平路 5 号(地铁万寿路站往南)

邮政编码:100036　电话:68214039　83219215

传真:68276683　网址:www.jdcbs.cn

封面印刷:北京印刷一厂

正文印刷:北京万博诚印刷有限公司

装订:北京万博诚印刷有限公司

各地新华书店经销

开本:850×1168 1/32　印张:6.125　字数:179 千字

2017 年 5 月第 1 版第 1 次印刷

印数:1~3 000 册　定价:20.00 元

前　言

　　服装机械设备的发明替代了服装的手工制作,加速了传统文明向现代文明发展的进程。随着科学技术的进步,服装机械特别是缝纫机械的运行速度已从低速(200～300r/min)发展到中速(3000 r/min),目前已经达到高速(5000 r/min)和超高速(7000～10000 r/min),进入到了高速化阶段。同时,服装机械种类也从通用型向专用型方向拓展,陆续发明了双针缝纫机、包缝缝纫机、绷缝缝纫机、链缝缝纫机、套结缝纫机、钉扣缝纫机、锁眼缝纫机、曲折缝缝纫机、上袖缝纫机、装饰用缝纫机,以及服装材料预加工设备、服装整理设备等,使服装机械设备几乎覆盖了服装生产的方方面面。

　　当前,工业缝纫机的设计、制作和使用已经进入新的时代,特别是电子技术和计算机技术在缝纫机械中的广泛应用,服装加工机械设备的科技含量越来越高,高速化、自动化、数控化、智能化、多功能化成为现代服装加工机械设备发展的大趋势,国内外已经生产并广泛应用多种智能型工业缝纫机。例如,在高速平缝机上增加微机控制系统,开发出自动化高速微机平缝机,使其具有自动停针、自动剪线、自动拨线、自动前后加固、针数设定等功能。微机程序控制技术已经广泛运用于各种服装机械设备中,除自动化高速微机平缝机外,还发明了微机套结缝纫机、微机钉扣缝纫机、微机锁眼缝纫机、微机花样机、微机上袖缝纫机、微机曲折缝缝纫机、微机开袋机、微机绣花机等。现代服装加工机械设备品种齐全,基本上实现了机电一体化。服装机械和服装生产技术水平正在从劳动密集型朝技术密集型方向发展。机、电、光、气(液压)一体化,无(微)油直驱动技术和智能化技术的进一步应用,已成为服装加工机械设备的趋势。

　　20 世纪 80 年代以来,我国服装加工机械设备的生产和应用也有了划时代的变革。现代服装加工机械设备,特别是微机或智能型工业缝纫机是机电一体化设备,对于使用者不但规定了很高的操作使用要求,而且提出了特殊的调整和维修技术要求。《服装机械使用维修技术》丛书正是基于这种背景和要求编写的,丛书将分为 9 个分册编写出版。考虑到目前企业的设备使用状况,本丛书内容将兼顾普通电动服装加工机械设备和微机控制服装加工机械设备。

　　因篇幅有限,只能根据作者掌握的信息资料,选择具有代表性的机型进行较系统的介绍,希望读者结合自己的生产实践举一反三。

　　本丛书文字通俗易懂、简明扼要,重点内容多用图解和表解,并配以实例。在编写过程中,参阅了许多资料和各种机型的使用说明书。为此,向各位资料作者和生产厂家致以衷心的感谢。

　　参加本书编写工作的有马红麟、姚云、贾云萍、陈明艳、刘姚姚、杨九瑞、张弘、张继红、管正美,丛书由王文博主编并统稿。

　　由于作者水平和掌握的资料有限,书中疏漏难免,欢迎专家和读者批评和指正。

作者

目　　录

第一章　曲折缝缝纫机

　　曲折缝缝纫机又称之字缝、人字缝、锯齿缝缝纫机,俗称花针机。它是在普通平缝机的基础上增加了针杆的摆动(或平动),使机针在缝纫过程中在左右两个位置交替变动,并和送布机构的运动相配合,形成曲折的锁式304号线迹。这种线迹有很强的抗拉强度、线迹美观、坚固耐用、使用范围广,适用于棉织物、人造革、毛织物等薄料和中厚料。常用于内衣、胸饰、手套、泳衣、鞋帽、箱包、降落伞等产品的曲折缝和拼缝等。利用辅件还可进行绣花、包边缝、包梗缝、各种图案装饰缝、拉链缝和套结缝等。

第一节　曲折缝缝纫机概述

一、曲折缝缝纫机技术规格

　　曲折缝缝纫机的结构如图1-1所示,比平缝机增加了针杆的摆动运

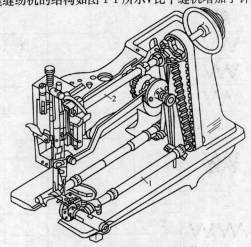

图1-1　曲折缝缝纫机的结构

1. 主轴　2. 上轴

动,形成曲折的锁式 304 号线迹(称为二点人字线迹,形成锯齿形花纹)
和 308 号线迹(称为三点人字线迹,形成对称式锯齿形花纹)。

我国生产有多种系列曲折缝缝纫机,部分曲折缝缝纫机技术规格
见表 1-1～表 1-6。

表 1-1　曲折缝缝纫机技术规格

型　号	针迹类型	最高缝速/(针/min)	最大横针距/mm	最大线迹长度/mm	压脚升距/mm	说　明
GI1-2	WWW	2500	5	4.5	6	二点、三点可调
20U23	WW	2000	12	5	12	
20U23D	WWW	2200	6	5	12	双针距 2.5、3.5、4.5 可换
20U43		2000	12	5	12	
20U53	WW	2500	9	5	9	
20U63		2000	12	5	9	
20U53A	▬	2500	4	5	9	
20U53B	●	2000	4.5	5	9	
20U143	WWW		12	5	12	
457A	WWW	2000	8	5	12	
457B	WWW		8	5	12	
457C	⋀⋀	1500	6	5	12	
457D	WWW	2000	6	5	9	双针距 2.5、3.5、4.5 可换
457U		2000	10	5	12	
JIZ-AD553	WWW	2000	10	5	12	
A72520		5000	8	5	8	旋转式挑线杆

表1-2　JK系列曲折缝缝纫机技术规格

型　号	最高缝速/(针/min)	线迹长度/mm	线迹宽度/mm	曲形线缝数	压脚提升高度/mm	采用机针	用　途
JK-T20U31	2000	5	9	一步二点式	6	DP×5	薄至中厚料
JK-T20U33	2000	5	8	一步二点式	6	DP×5	薄至中厚料
JK-T20U43	2000	5	12	一步二点式	6	DP×5	薄至中厚料
JK-T20U53	2000	5	9	一步二点式	6	DP×5	薄至中厚料
JK-T20U63	2000	5	12	一步二点式	6	DP×5	薄至中厚料
JK-T20U53A	2000	5	8	一步二点式	6	DP×5	西服口袋专用
JK-T457A105	5000	5.1	5	一步二点式	6.4	DP×5	薄至中厚料
JK-T457A125-L	5000	2	5	一步二点式	8.5	DP×5	薄料
JK-T457A125-M	5000	4.2	5	一步二点式	8.5	DP×5	中厚料
JK-T457A135-L	5000	1.3	8	三步四点式	8.5	DP×5	薄料
JK-T457A135-M	5000	2.5	8	三步四点式	8.5	DP×5	中厚料
JK-T457A	1600	5	10	三步四点式	6	DP×5	薄至中厚料
JK-T457B	1600	5	10	三步三点式	6	DP×5	薄至中厚料
JK-T457D	1600	5	6	三步四点式	6	DP×5	薄至中厚料

表 1-3　FY 系列曲折缝缝纫机技术规格

型　号	最高缝速 /（针/min）	线迹长度 /mm	线迹宽度 /mm	压脚提升高度 /mm	采用机针
FY457-125L	5000	4.2	8	8.5	DP×5 Nm70～130
FY457-125M	5000	2	8	8.5	DP×5 Nm70～130
FY271	1800	—	4	6	DP×1 11号
FY391	1800	—	4	6	DP×1 11号
FY20U63	2000	5	10	6	DP×5 Nm70～130
FY20U23/33/43	2000	5	8	6	DP×5 Nm70～130

表 1-4　GG 系列曲折缝缝纫机技术规格

型　号	最高缝速 /(针/min)	线迹长度 /mm	线迹宽度 /mm	压脚提升高度 /mm	采用机针	用　途
GG20U23	2000	5	9	6/12	DP×5 9号~18号	中厚料
JK-T20U33	2000	5	9	6/12	DP×5 9号~18号	—
JK-T20U43	2000	5	9	6/12	DP×5 9号~18号	—
JK-T20U53	2000	5	9	6/12	DP×5 9号~18号	—
JK-T20U63	2500	5	9	6/12	DP×5 9号~18号	—
JK-T20U53A	2000	5	9	6/12	DP×5 9号~18号	—
JK-T457A105	5000	5.1	9	6/13	DP×5 9号~18号	—
JK-T457A125-L	2000	2	9	8/13	DP×5 9号~18号	—

表 1-5　GEM 系列曲折缝缝纫机技术规格

型号	最高缝速 /(针/min)	线迹长度 /mm	线迹宽度 /mm	曲形线缝数	压脚提升高度 /mm		采用机针	用途	附注
					手提	膝提			
GEM457A-105M	5000	5.1	7.9	8	6	9	DP×5	厚料	—
GEM457A-105L	5000	1.3	7.9	8	6	9	S1×1906	薄料	—
GEM457A-125M	5000	4.2	5	5	6	10	S1×1906	厚料	—
GEM457A-125L	5000	2.0	5	5	6	10	S1×1906	薄料	—
GEM457A-135M	5000	2.5	7.9	8	6	10	S1×1906	厚料	—
GEM457A-135L	5000	1.3	7.9	8	6	10	S1×1906	薄料	—
GEM457A-140M	4500	6.5	7.9	8	6	10	S1×1906	厚料	连接缝
GEM457A-143M	4200	2.5	7.9	8	6	10	S1×1906	厚料	连接缝
GEM457A-143L	4200	2.5	7.9	8	6	10	S1×1906	薄料	连接缝

表1-6　ZJ系列曲折缝缝纫机技术规格

型　号	最高缝速 /（针/min）	线迹长度 /mm	线迹宽度 /mm	曲形线 缝数	压脚提升 高度/mm	采用机针
ZJ457A135-L	5000	1.3	8	—	6/10	1906~07
ZJ457A135-M	5000	2.5	8	—	6/10	1906~01
ZJ457A105-L	5000	1.3	8	—	6/10	1906~07
ZJ457A105-M	5000	5.1	8	—	6/10	1906~01
ZJ457A125-L	5000	2	5	—	6/10	1906~07
ZJ457A125-M	5000	4.2	5	—	6/10	1906~01
ZJ457A143-L	4200	2	8	—	8.5	DP×5
ZJ457A143-M	4200	2.5	8	—	8.5	DP×5
ZJ457A	1600	5	9	三点四步	6/12	DP×5
ZJ457B	1600	5	9	二点三步	6/12	DP×5
ZJ457C	1600	5	9	—	6/12	DP×5
ZJ457D	1600	5	6	双针三 步四点	6/12	DP×5
ZJ20U93	2500	5	9	—	6.35/9	DP×5
ZJ20U53	2500	5	8	—	6/12	DP×5

续表 1-6

型号	最高缝速/(针/min)	线迹长度/mm	线迹宽度/mm	曲形线缝数	压脚提升高度/mm	采用机针
ZJ20U63	2000	5	12	—	6/12	DP×5
ZJ20U53A	2000	5	5	—	6.35/9	DP×5
ZJ20U53B	2000	5	5	—	6.35/9	DP×5
ZJ20U33	2000	5	8	—	6/12	DP×5
ZJ20U43	2000	5	12	—	6/12	DP×5
ZJ20U23	2000	5	12	—	6/12	DP×5
ZJ20U23D	2000	5	6	—	6/12	DP×5
ZJ457A505-L	5000	1.3	8	—	5.7/7.5	1906～07
ZJ457A505-M	5000	5.1	8	—	5.7/7.5	1906～01
ZJ457A525-L	5000	2.0	5	—	5.7/7.5	1906～07
ZJ457A525-M	5000	4.2	5	—	5.7/7.5	1906～01
ZJ457A535-L	5000	1.3	8	—	5.7/7.5	1906～07
ZJ457A535-M	5000	2.5	8	—	5.7/7.5	1906～07
ZJ457A543-L	4200	1.3	8	—	5.7/7.5	1906～07
ZJ457A543-M	4200	2.5	8	—	5.7/7.5	1906～01

二、线迹的形式

曲折缝缝纫机的线迹是一种锯齿形双线锁式线迹，线迹的形式如图1-2所示。这种线迹是由双线形成的，即缝针线（面线）和梭线（底线）。缝针线的线圈从缝针面穿透织物，并在另一面与梭线进行交织连圈。缝针线向回拉，使交织连圈缝合于织物表面层之间的当中部位。这种线迹形与平缝机线迹相同，只

图1-2 线迹的形式

是连续的每个线迹形成一种对称的锯齿形花纹。

三、曲折缝缝纫机的类型

①按用途不同分为绣花机、拼缝机和装饰缝机。

②按机针在横向运动中刺布点数不同分为二点式、三点式和四点式。

③按机针刺入布料方式分为摆动针杆和平移针杆。

④按针数不同分为单针曲折缝缝纫机和双针曲折缝缝纫机。

⑤按控制针迹的方式不同分为机械凸轮式和电脑控制式。

第二节　曲折缝缝纫机的结构原理

曲折缝缝纫机机构简图如图1-3所示，传动路线如图1-4所示。

一、针杆机构

曲折缝缝纫机是在普通梭缝缝纫机的基础上增加针杆摆动机构组成的。图1-3中件1为主轴，通过同步带传动使上轴2减速一半转动。针杆机构如图1-5所示，上轴一方面通过曲柄1、连杆2使针杆在摆动杆3的滑槽中往复移动；另一方面经一对交错轴斜齿轮使轴4转动。5为长度可调曲柄，再经针杆传动连杆6使带有针杆的摆动杆3绕轴7做与送料方向垂直的摆动。缝纫时与其他机构配合就可形成曲折形的锁式线迹。

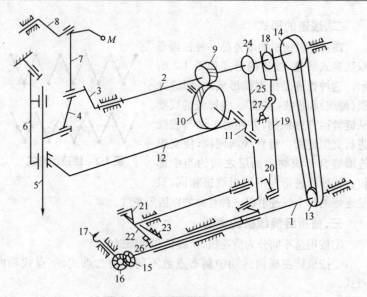

图 1-3　曲折缝缝纫机机构简图

1. 主轴　2. 上轴　3. 曲柄　4. 针杆连杆　5. 针杆　6、12. 针杆摆杆　7. 挑线连杆
8、27. 摇杆　9、10. 交错轴斜齿轮　11. 针摆曲柄　13、14. 同步带带轮　15、16. 锥齿轮
17. 旋梭　18. 偏心轮　19. 针距叉杆　20. 右摇杆　21. 针距摇杆　22. 送料牙架
23. 送料牙　24. 抬牙偏心轮　25. 抬牙大连杆　26. 抬牙摇杆

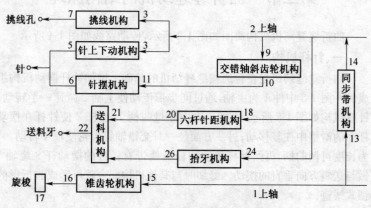

图 1-4　曲折缝缝纫机传动路线

注：件号同图 1-3。

如图 1-6 所示,针杆摆幅的调整是通过旋转针杆摆动器的调整心轴 1 实现。心轴的轴心线 O_1 始终不变,轴上带有卡簧 2,随轴一起插在偏心件 3 的孔中,使孔的中心线偏向卡簧的一侧,而偏心件的偏心外圆又插在传动连杆 4 的孔中。传动连杆 4 与偏心件 3 的相对转动中心线是偏心圆的圆心线,偏距值与卡簧造成的偏距值大小相等。长度可调曲柄 5(图 1-5)的长为两偏距值的和。当卡簧与偏心距都位于心轴线的同侧共线时,长度可调曲柄 5 最长,针杆摆动幅度最大;当转动心轴 1 使卡簧与偏心距位于心轴线的两侧共线时,长度可调曲柄 5 长度为 0,针杆不再摆动,此时普通梭式机没有区别。所以可调摆幅的曲折缝缝纫机用途更广一些。

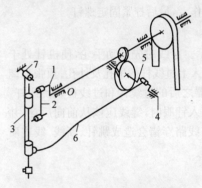

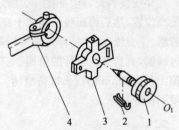

图 1-5　曲折缝缝纫机的针杆机构
1. 曲柄　2. 连杆　3. 摆动杆　4、7. 轴
5. 长度可调曲柄　6. 针杆传动连杆

图 1-6　针杆摆幅调整件
1. 心轴　2. 卡簧　3. 偏心件
4. 传动连杆

二、挑线机构

挑线机构是一个曲柄摇杆机构。如图 1-3 所示,由装在上轴 2 上的曲柄 3 带动挑线连杆 7、摇杆 8 运动,挑线孔 M 装在挑线连杆 7 上。挑线连杆 7 做复合运动,使 M 点随之运动。

三、送料机构

如图 1-3 所示,送料机构由上轴 2 经六杆针距机构(18～20)、抬牙机构(24～26)、传动五杆送料机构(21、22、23、26)组成,送料牙 23 装在送料牙架上,做平面复合运动。

四、旋梭传动机构

由主轴 1 直接经一对锥齿轮 15、16 带动旋梭 17 运动,如图 1-3 所示。

第三节　曲折缝缝纫机的使用与维修

一、机针的安装

曲折缝缝纫机通常选用 96×(90 号～140 号)、1906-01(16×95)(8 号～18 号)、8752-64(135×137)(10 号～16 号)机针。机针的安装方法是先转动上轮使针杆上升到最高位置,松开机针紧固螺钉,将机针柄插到底,同时要保证机针长槽面向操作者,最后拧紧固定螺钉。

二、面线的穿法

穿线线路及方法如图 1-7 所示。穿线时先转动手轮,使机针处于最高位置,然后将面线从线架上穿入上过线杆的里孔及外孔、预张力调节器、主夹线器(包括穿过主夹线器之后的过线钩和过线板)、挑线杆、过线架,直到穿入机针的针眼。穿入针眼时,缝线应该从前向后穿,并拉出长 100mm 的线头以待缝纫。线路穿错会造成跳针、断线、线迹质量不良等故障。

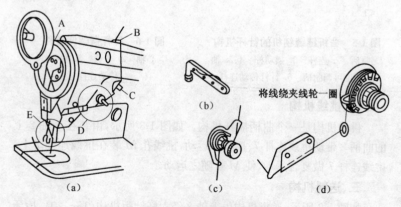

图 1-7　穿线线路及方法
(a)穿线线路　(b)B 点穿线方法　(c)C 点穿线方法　(d)D 点穿线方法

三、缝线张力的调整

要获得理想的线迹,机针线和梭芯线的张力应相互平衡。理想线迹如图 1-8a 所示,在线迹的纵断面上,机针线与梭芯应在缝料的中间互锁。若张力调节不正确,两者相互不平衡,就会产生如图 1-8b 和图 1-8c 所示的情况。图 1-8b 所示是机针线的张力过小,或梭芯线张力过大,使底线、面线的交锁点在缝料的下面;图 1-8c 所示是梭芯线张力过小,或机针线的张力过大,致使底线、面线的交锁点在缝料上面。

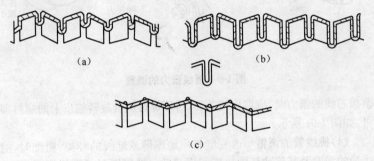

图 1-8 理想的线迹

(a)理想线迹 (b)、(c)不正确

(1)机针线张力的调整 缝线张力的调整如图 1-9 所示,应先放下压脚,然后转动如图 1-9a 所示的夹线螺母,顺时针旋转时面线张力就增大,逆时针转动时面线张力就减小。

(2)预张力的调整 预张力的调整器如图 1-9b 所示。当机针线 B 拉过夹线轮 A 时,夹线轮 A 会转动,并使机针线形成一定的张力。此时,如夹线轮 A 不转动,机针线只在夹线轮上滑移,这将对缝纫工作造成不良影响。引起上述现象的原因是预张力调节器 D 对机针线产生的张力不够大,应将预张力调节器 D 的夹线螺母朝顺时针方向旋转进行调节。如果预张力过大,也会影响缝纫质量,而且还会使剪线后机针上留下的线头太短。将预张力调节器 D 朝逆时针方向转,就可减小预张力。

(3)梭芯线张力的调整 在做普通缝纫时,梭芯线的张力应调小一些。梭芯线张力调好之后,再调整机针线张力,以便获得理想线迹。调

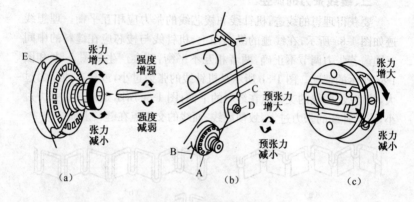

图 1-9   缝线张力的调整

整梭芯线的张力时,应取出梭芯套,再用螺钉旋具旋转梭皮上的螺钉即可,如图 1-9c 所示。

(4)**挑线簧的调整**   改变缝料质地厚薄或缝线的种类、粗细时,挑线簧的强度及其移动范围也应相应调整。缝制厚料或用粗线时,挑线簧的强度要增强一些,移动量要稍大;对于薄料和细线,则挑线簧应调弱一些,移动量要较小。

(1)**挑线簧移动范围的调节**   挑线簧移动范围的调整如图 1-9a 所示,旋松主夹线器上方的紧定螺钉 E,然后将整个主夹线器组件朝顺时针方向旋转,即可升高挑线簧的位置并增大其移动范围;若朝逆时针方向旋转,即可降低挑线簧的位置并减小其移动范围。调节完毕后立即拧紧紧定螺钉 E。

(2)**挑线簧强度的调节**   挑线簧强度的调整如图 1-9a 所示;用一把较大的螺钉旋具插入夹线螺钉顶端的槽内,朝顺时针方向转动时可增大挑线簧的强度;朝逆时针方向转动时可减小挑线簧的强度。

四、针距(线迹)长度的调整

针距的长度可根据缝料的需要进行调整。GI1-2 型应先旋松针距螺母,连同针距座螺钉一起在针距槽内移动,这样就可以增长或缩短针距长度。往上移动,针距缩短;往下移动,针距增长。针距长度调整完毕后,将针距螺母旋紧即可。

五、横针距(摆针宽度)的调整

GI1-2 型的摆针宽度为 3～7mm,调整方法如图 1-10 所示。先旋松摆针调节螺钉 3,将摆针调节套沿着凸轮挺杆 13 的长槽移动,若往上移动,摆针宽度缩小;往下移动,摆针宽度增大。摆针宽度调整后,将摆针调节螺钉 3 旋紧。此外,在调整摆针的时候,要注意同时调整机针与针板针孔的位置。调整时,先将摆针连杆螺钉 4 旋松,然后移动摆针连杆 5,将机针调整到与针板针孔对称的位置。若仍欠少许,可通过转动摆针连杆偏心轴 6 进行微调。在微调时,先将摆针连杆偏心轴固定螺钉松开,然后转动摆针连杆偏心轴 6,调整完毕后,将旋松的零件旋紧。

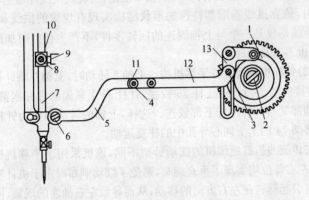

图 1-10　摆针宽度的调整

1. 凸轮　2. 轴　3. 摆针调节螺钉　4. 摆针连杆螺钉
5. 摆针连杆　6. 摆针连杆偏心轴　7. 针杆　8. 连接柱螺钉
9. 连接柱　10、11. 垫圈　12. 杠杆　13. 凸轮挺杆

第四节　GT655-01 型单针锁式曲折缝缝纫机

GT655-01 型单针锁式曲折缝缝纫机是中国标准缝纫机公司与日本兄弟工业株式会社合作生产的机型,该机技术规格见表 1-7。

表 1-7　GT655-01 型单针锁式曲折缝缝纫机技术规格

最高缝速 /(r/min)	最大针距 /mm	最大线迹幅度 /mm	缝纫形式	压脚提升量 /mm	送布牙高度 /mm	机针型号	用途
5000	2.5	8	两点曲折式	手动 6 膝动 10	1	蓝狮 SY1965 Nm70/10	薄布料～中厚布料

一、机器的结构原理

（1）**挑线机构**　GT655-01 型单针锁式曲折缝缝纫机结构原理如图 1-11 所示，该机旋式挑线杆 1 与上轴 5 固定，当旋式挑线杆与上轴一起转动时，依靠挑线器端部特殊的形状结构实现有规律的供线和收线。这种挑线器仅是一个与上轴固连的回转零件，不产生任何附加的动载负荷，也不需要润滑。

（2）**针杆机构及针杆平移机构**　上轴 5 转动时，上轴左端针杆曲柄 4 上连接的销 3 与针杆连杆 75 铰接，针杆 71 上紧固的针杆抱箍 73 的圆柱轴部又与针杆连杆下部铰连。这样，上轴的转动即变为针杆在针杆平移架 74 的上下同心导孔中的往复运动。

与传统曲折缝缝纫机的摆动针架不同，该机采用了平移机架。这样，在左右针位均实现了垂直刺布，避免了摆动刺布时由于机针和缝料不垂直引起缝料在左右方向的移动，从而导致左右抽缩的现象，同时使机器的缝厚能力、线迹均匀度等方面也有了明显的提升。

平移机架机构上轴 5 紧固的主动交错轴斜齿轮 14 与安装在交错轴斜齿轮轴 12 上的被动交错轴斜齿轮 13 构成齿轮副，其齿数比为 1：2，在交错轴斜齿轮轴 12 上安装的偏心轮 9、11 传动偏心连杆 8、10。摆杆 7 与偏心连杆 8、10 分别铰连，摆杆 7 又与之字缝连杆 15 通过销轴 6 铰连。之字缝连杆 15 前端（图示左端）通过销轴 77 与固定在针杆平移架上的之字缝接头 76 铰连，其后端通过铰连的滑筒 18 与固定在传动器 20 上的滑筒轴 21 构成滑动运动副。

上轴 5 旋转时，通过交错轴斜齿轮 14、13 传动偏心轮 9、11 转动，进而通过套在偏心轮上的偏心连杆 8、10 带动摆杆 7 做复杂的平面运

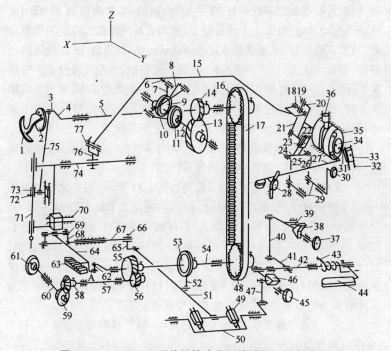

图 1-11　GT655-01 型单针锁式曲折缝缝纫机结构原理

1. 旋式挑线杆　2. 旋式挑线杆安装板　3. 销　4. 针杆曲柄　5. 上轴　6. 销轴

7. 摆杆　8、10. 偏心连杆　9、11. 偏心轮　12. 交错轴斜齿轮轴　13. 被动交错轴斜齿轮

14. 主动交错轴斜齿轮　15. 之字缝连杆　16. 同步带轮　17. 同步带　18. 滑筒

19. 紧定螺钉　20. 传动器　21. 滑筒轴　22. 销　23. 滑块　24. 之字缝支架

25. 之字缝曲柄 A　26. 之字缝曲柄 B　27. 基线变更扳手　28. 滚花螺母　29. 之字缝轴

30. 之字缝手柄　31. 销　32. 滑块座　33. 滑块　34. 偏心心轴　35. 偏心心轴座

36. 定位销　37. 针距旋钮　38. 送料调节器　39. 销轴　40. 连杆　41. 送布摇杆

42. 倒缝扳手轴　43. 扭簧　44. 倒缝扳手　45. 加固缝旋钮　46. 加固缝调节器

47. 调节器连杆　48. 同步带轮　49. 双滑块　50. 调节器　51. 针距连杆

52. 驱动连杆　53. 送布偏心轮　54. 下轴　55. 下轴齿轮　56. 驱动齿轮　57. 驱动轴

58. 驱动轴锥齿轮　59. 旋梭轴锥齿轮　60. 旋梭轴　61. 旋梭　62. 小连杆　63. 送布牙

64. 送布牙架　65. 水平送布摆杆臂　66. 紧固螺钉　67. 水平送布轴　68. 牙架曲柄

69. 送布牙架轴　70. 导向器　71. 针杆　72. 紧固螺钉　73. 针杆抱箍

74. 针杆平移架　75. 针杆连杆　76. 之字缝接头　77. 销轴

动,但该运动受到之字缝连杆 15 右端,由滑筒 18 和滑筒轴 21 所构成的滑动运动副的制约,由于滑筒轴 21 被调节系统预置为一定的倾斜角度,当之字缝连杆 15 被摆杆 7 推动做起伏运动时,滑筒 18 将沿滑筒轴滑动,当滑至上方时,之字缝连杆 15 被拉至右侧,其左端通过之字缝接头 76 拉动针杆平移架 74,将针杆拉至右针位,而当滑筒 18 滑至滑筒轴下方时,针杆平移架被推至左方,针杆也就到了左针位,与针杆上下运动和送布等机构的运动相配合,最终实现之字形缝纫。

(3)针杆平移调节机构　针杆平移调节机构由平移幅度(线迹宽度)调节机构及针位调节(基线调节)机构组成。

①平移幅度(线迹宽度)调节机构如图 1-11 所示,扳动之字缝手柄 30,之字缝曲柄 A25 和之字缝曲柄 B26,将拉动之字缝支架 24 平移,其导槽推动与传动器 20 铰连的滑块 23,导致传动器 20 绕其穿入偏心心轴座 35 的轴偏转,从而改变了滑筒轴 21 的倾斜角度。如上所述,此时针杆平移架 74 的左右平移幅度即完成改变。当之字缝手柄 30 向右扳至极限位置时,滑筒轴直立。显然,此时针杆平移架的移动幅度变为 0,此时即为直线缝纫,完成的是 301 号线迹。

反之,当之字缝手柄 30 由左向右扳动时,平移幅度变宽。GT655-01 型机调节范围为 0～8mm。

②针位调节(基线调节)机构如图 1-11 所示,偏心心轴座 35 安装在机壳孔中,定位销 36 嵌入该轴座的环形槽中,限制其不得轴向移动。轴座的偏心孔与偏心心轴 34 构成滑动配合,传动器 20 的转轴穿入偏心心轴的偏心孔中亦构成滑动配合。而偏心心轴上另一偏心孔中过盈配合的销 31 与滑块 33 铰连,该滑块则与固定在机壳上的滑块座 32 的导槽构成滑动配合。

如图 1-11 所示,当旋紧的滚花螺母 28 将基线变更扳手 27 固定时,上述各机件均处于固定位置,机器完成预定的曲折缝纫。但如果旋松滚花螺母 28,改变基线变更扳手 27 的位置,由于该扳手的末端与偏心心轴座连接则该轴座产生偏转,由于滑块 33 只能在滑块座 32 的导槽中平动,在此制约下偏心心轴 34 产生偏转,偏心孔即带动传动器 20。在不改变滑筒轴 21 角度(线迹宽度未改变)的情况下改变其工作位置。滚花螺母 28 上移则传动器 20 向图中右方移动,通过之字缝连杆 15、之字缝接头 76 拉动针杆平移架 74 右移,从而改变了缝纫针位,即改变了基线位置。此时机器进行的曲折缝纫将在比原来偏右的位置进行,而如果滚花螺母 28 下移,缝纫位置则偏左。

(4)旋梭勾线机构　如图 1-11 所示,安装在上轴 5 的同步带轮 16,通过同步带 17、安装在下轴 54 上的同步带轮 48 带动下轴旋转。下轴前端的下轴齿轮 55 与驱动轴 57 后端的驱动齿轮 56 啮合,驱动轴通过驱动轴锥齿轮 58、旋梭轴锥齿轮 59 驱动旋梭 61,以主轴转速的两倍旋转并与机针配合完成勾线运动。

(5)送布机构及针距调节机构、倒缝及加固缝机构　①送布机构和其他缝纫机一样,送布牙 63 的送布运动也是由上下运动和前后运动复合而成。如图 1-11 所示,下轴 54 前端的曲柄通过小连杆 62 与送布牙架 64 铰连,下轴转动时其前端曲柄即带动送布牙 63 上下运动。

下轴 54 上安装的送布偏心轮 53 通过驱动连杆 52 带动针距连杆 51 上下运动,由于与之铰连的双滑块 49 在调节器 50 倾斜的导槽中往复运动,使针距连杆 51 在上下运动的同时获得了前后运动,再通过与针杆连杆前端铰连的水平送布摆杆臂 65、水平送布轴 67 等机件的运动传递,最终使送布牙 63 获得了前后运动。

②针距调节机构。显然,在上述运动传递中,调节器 50 上与双滑块配合的导槽倾斜角度的改变,无疑将改变针距连杆 51 前后运动的动程,进而改变送布牙前后运动距离,即针距的大小。

如图 1-11 所示,在扭簧 43 的作用下,针距旋钮 37 螺杆头部紧贴送料调节器 38V 形工作面的下斜面,针距调节机构处于稳定状态,调节器 50 上双滑块导槽的倾斜角度也稳定于某一角度,机器以一特定针距缝纫。

当需要调节针距时,转动针距旋钮 37,其螺杆在前进(或后退)中将通过其头部对调节器工作斜面所施加的作用力,使送料调节器 38 绕销轴 39 偏转,经构件 40、41、42、46、47 的运动传递,使调节器 50 导槽的倾角改变,如前所述,此时缝纫针距即发生变化。

③倒缝与加固缝机构。鉴于之字缝线迹特点,该类缝纫机并不要求如平缝机那样实现等针距倒缝,而是由倒缝机构和加固缝机构组合实现加固缝纫。这种加固缝纫有短针距正向加固缝,倒缝加固缝和原

地加固缝三类形式。加固缝纫对于防止缝后脱线起关键作用。

倒缝与加固缝机构如图 1-11 所示,件 45 为加固缝旋钮,旋钮盘面上标有"1-0-2.5"的正负数刻度区间。当转动该旋钮设置不同数值时,旋钮螺杆头部与加固缝调节器 46 工作斜面之间的距离也不同。按下倒缝扳手 44,直至螺杆头部和加固缝调节器 46 工作斜面接触,而导致调节器 50 上的滑块导槽倾角状态也各异,从而产生不同的加固倒缝状态。

当设置为正数时,压下倒缝扳手导槽倾角变小,机器将按数字对应的短针距沿原缝纫方向进行加固缝纫。

当设置为 0 时,压下倒缝扳手导槽倾角为 0,送布牙停止送布,机器以 0 针距在原地进行加固缝纫。

当设置为负数时,压下倒缝扳手导槽倾角为负值,机器以对应的针距逆原缝纫方向进行加固缝纫。

二、使用中的调整

(1)机针安装　机针安装应在针杆升至最高位置时进行,机针长槽应正对操作者并向上装足,最后可靠旋紧针螺钉。

(2)梭芯套安装　梭芯套安装如图 1-12 所示。

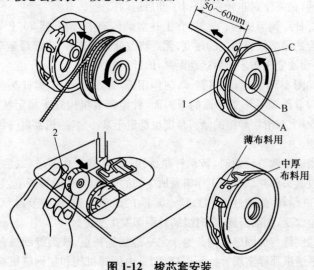

图 1-12　梭芯套安装
1. 弹线弹簧　2. 梭芯套提钮

①梭芯套安装应在机针升至针板面以上时进行。

②握住梭芯逆时针方向绕线,然后将梭芯放入梭芯套中。

③将线穿入槽 A,勾在弹线弹簧 1 下方。

④将线穿回槽 B,在引线口 C 拉出线头。

⑤拉动线头确认梭芯按逆时针方向旋转。

⑥拿住梭芯套提钮 2 将梭芯套插入旋梭。

(3)穿面线　穿面线宜在带轮外圆面上的基线与传动带罩壳的合印对齐时进行,既便于穿线,又可防止起缝时线迹脱散。穿线方法如图 1-13 所示。

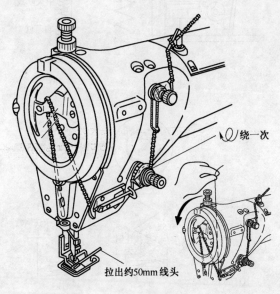

绕一次

拉出约50mm线头

图 1-13　穿线方法

(4)线迹宽度的调整　该调整应在停机并将机针提升至缝料上方后进行,如图 1-14 所示。

装饰盘 1 上的数字表示线迹宽度的约值(mm),左右移动线迹幅宽调节杆 2 至装饰盘上相对应的数字上,试缝后根据需要可再做微调,图 1-14a 所示的数字为该机线迹宽度的调节范围。

(5)针位的调整　该调整必须在停机并将机针提升至缝料上方后

进行。如图1-14所示,调整时旋松螺母 3,上下扳动转换杆 4 即可调整针位。图1-14b 中所示的左、中、右三种针位,即是将转换杆 4 扳至上、中、下相对应位置的三种针位。调整后应立即旋紧螺母 3。

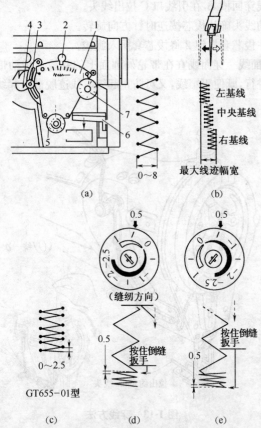

图 1-14　线迹宽度、针位、针距及加固缝的调整(单位:mm)

1. 装饰盘　2. 线迹幅宽调节杆　3. 螺母　4. 转换杆
5. 倒缝针距旋钮　6. 倒缝扳手　7. 针距调节旋钮

　　(6)针距的调整　图 1-14 中所示的旋钮 7 为针距调节旋钮,其上的刻度值越大对应针距越大。调整时将所需要的数字与刻度盘上的标记对齐,试缝后根据实际情况再进行调整,图 1-14c 中所示的数字为该机针距调节范围。

(7)加固缝的调整　在缝纫最后完成的加固缝纫对防止线迹脱散是很重要的,缝前根据工艺需要可预先设定加固缝的形式和针距。

图 1-14 中所示的件 5 为倒缝针距旋钮。当设置为正数时,按下倒缝扳手 6,机器将按设定数字(针距)沿原缝纫方向进行加固缝纫,如图 1-14d 所示;当设置为负数时,则逆原缝纫方向进行加固缝纫,如图 1-14e 所示;当设置为 0,则在原地进行加固缝纫(针距亦为 0)。

(8)面、底线张力的调整　此类调整应视试缝中线迹情况进行,方法和要求与平缝机基本相同。

(9)送布牙高度的调整　为保证正常送布,送布牙升至最高时以高出针板面 1mm 为宜,若未能达此标准而引起送布不畅,可用螺钉旋具转动图 1-11 中与小连杆 62 下方孔铰接的偏心销 A 来调整。

(10)机针与送布牙同步关系的调整　机针与送布牙的同步对缝纫机能否正常工作有直接影响,当经常出现线迹收紧不良或毛巾状浮线及断针等故障时,针牙不同步也可能是引发的原因之一。

机针和送布牙同步关系的检查与调整如图 1-15 所示,针牙同步的标准是当挑线杆 1 的钢印线对齐面板上的钢印线 B 时,机器下方的送布偏心轮 2(图 1-11 中的件 53)上的钢印记号应和驱动连杆 3(图 1-11中的件 52)上的钢印记号对齐。

如果针牙不同步,调整步骤是放倒机头,转动机轮使挑线杆 1 的钢印线与面板上的钢印线 B 对齐。旋松同步带轮上的 4 个紧定螺钉 4,转动送布偏心轮 2,使其端面上的钢印记号和驱动连杆 3 上的钢印记号对齐,最后可靠紧固 4 个紧定螺钉。

(11)机针和旋梭同步的调整　机针和旋梭的同步关系也是缝纫机重要的配合关系之一,当缝纫机经常出现跳针、断针、断线等故障时,针梭不同步则也可能是原因之一。

针梭同步关系包含针杆高度是否准确,在针杆高度安装正确的前提下,针梭相互位置是否正确两方面内容。

①针杆高度的检查与调整如图 1-16 所示。检查针杆高度应在取下压脚、针板、辅助针板(针板旁半圆形板)和送布牙的情况下进行。具体的方法是将半圆形辅助针板 3 置于缝纫机针板安装面上,转动机轮

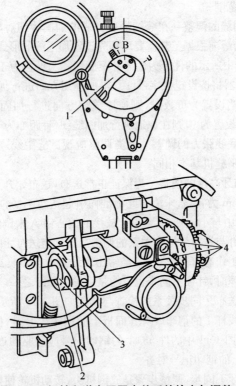

图 1-15 机针和送布牙同步关系的检查与调整
1. 挑线杆　2. 送布偏心轮　3. 驱动连杆　4. 紧定螺钉

使针杆 1 降至下极限点,将随机所带的附属量规 2 阶梯端向上。安装正确的针杆,其下端面与辅助针板面的距离应和量规上标记"1"一侧的高度一致,否则可松开针杆紧固螺钉,调节针杆高度,达标后可靠旋紧螺钉。

②检查和调整针梭同步关系检查和确认针杆安装高度准确无误。线迹幅宽设置为 0,针位设置为中央基线。转动机轮使机针降至最低点后略为上升,待针杆下端面至辅助针板的距离与附属量规标记"2"一侧的高度一致时,旋梭尖应恰好运动至机针中心线并与机针凹口有 0~0.05mm 的间隙。如不符要求则可松开旋梭紧固螺钉细心地予以

调整。

将线迹幅宽调至最大,转动机轮检查左针位,当旋梭尖运动至机针中心线时,梭尖至针孔上沿的距离应为0.2～0.5mm,否则可适当调节针杆高度。

(12)旋梭供油量的调整　旋梭工作时供油量偏大会油污缝制物,过小则会影响其工作寿命,应周期性地予以检查和调整。

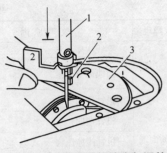

图1-16　针杆高度的检查与调整
1. 针杆　2. 附属量规
3. 半圆形辅助针板

检查的方法是在无缝料的情况下将白纸置于旋梭左面5～15mm处,以正常缝速运行约10s,检查纸面上溅油情况,如纸面油点较多、明显湿润则油量过多;如油点很少则供油不足,此时可通过旋动旋梭后小齿轮箱外侧的油量调节螺钉予以调整。螺钉头部端面上标有"＋、－"标记,按标记方向旋动即可增加或减少供油量,调整后可再试直至符合要求。

三、常见故障及排除方法

曲折缝缝纫机常见故障及排除方法见表1-8。

表1-8　曲折缝缝纫机常见故障及排除方法

故障现象	故障原因	排除方法
跳针	机针、缝线和缝料之间配合不当	更换和缝线、缝料相适应的针
	机针弯曲、粗钝或磨损	换机针
	机针装错	按正确方法重新装机针
	旋梭勾线时间不当或机针之间的间隙过大	按机针与旋梭钩尖的正确位置重新调整针
	旋梭钩尖不良	修磨旋梭钩尖或换新旋梭
	针行程左右运动高度不相等	重新调整使机针至协调位置
	压脚槽过宽,压脚压力不够	更换窄槽压脚,加大压力
	针板槽过宽	更换针板槽
	压脚底板平面与针板平面不平行	调整压脚,使其与针板平行
	针杆与上下套间隙过大	更换未磨损的套

续表 1-8

故障现象	故 障 原 因	排 除 方 法
断面线	穿线次序不对	按正确次序重新穿线
	面线调节过紧	慢慢旋松夹线螺母,并相应调好底线松紧
	机针选用不当	更换与缝线、缝料相应的针
	机针弯曲	换新机针
	机针碰撞压脚	调整压脚位置
	旋梭回转不顺或位置装的不对	按正确位置调整好旋梭位置,并紧固
	旋梭钩受损伤	修光旋梭钩或换新旋梭
	针眼粗糙或针板的针槽受损伤	修光针眼孔或针槽,如针槽损伤严重应换新的
	面线腐霉或过脆	调换好线
	旋梭勾线过快或过慢	调整旋梭勾线时间
断底线	梭芯线绕得过满或不均匀	重新绕底线
	底线发霉	调换好线
	底线调节过紧	适当旋松梭皮螺钉,并相应调好面线松紧
	梭芯套的进线口尖锐或毛糙	用油石或细砂布磨光,去锐角
	送料牙位置过低造成送料牙底部缺口,底线出线距离过小,使底线和牙齿底部缺口发生摩擦	合理调整送料牙位置
断针	机针与缝料配合不当	更换与缝料相适应的机针
	机针没有装好而碰撞压脚或针板	按正确位置重新装机针
	机针弯曲	更换机针
	摆针机构变位	按正确位置调整摆针机构位置并紧固
机器运转不灵	电动机传动带太松或太紧	调整传动带长度
	旋梭内有线头或积垢	拆下旋梭,清除线头或积垢,并加少量缝纫机油

第二章　丰田 AD550 系列曲折拼缝机

第一节　曲折拼缝机概述

一、用途

AD550 系列 Z 曲折拼缝机，也称人字形或 Z 形缝纫机，系摆针类工业缝纫机，可供服装、鞋帽、针织、内衣、皮革制品等专业厂缝制各种厚度的针织、棉布、帆布、毛料、化纤、皮革等织物，完成拼缝、装饰缝之类的各种操作。

二、主要技术规格

丰田 AD550 系列曲折拼缝机技术规格见表 2-1。

表 2-1　丰田 AD550 系列曲折拼缝机技术规格

项　目	参　数	项　目	参　数
最高缝速/(针/min)	3500	最大摆宽/mm	8
最大针码/mm	4	润滑油	5 号或 7 号机械油
抬压高度/mm	8	机针	DB×1(19 号～21 号)
针杆行程/mm	34.4	工作空间/mm	长×高＝300×130
挑线行程	可调	电动机功率/w	400
最大缝厚/mm	6	电源电压/V	380

三、结构特点

(1)**形式**　该机采用摆动针杆、连杆挑线、旋梭勾线、杠杆式倒顺送料机构。线迹美观、整齐。

(2)**传动方式**　上、下轴以同步齿形带传动，取代了锥齿轮传动，因而大幅度地降低了噪声和机械振动，提高了工作平稳性。

(3)**送料方式**　采用杠杆式倒顺送料机构，操作灵活，调节精度高，自锁性能好,针码的稳定性和倒顺送料时针距的一致性均较高。

(4)**润滑方式**　整机采用全自动润滑系统,该系统通过油泵向机器主要摩擦部位自动供油。开机前不需向油泵注油,一开机油泵即开始工作。油量充足,能保证机器在任何工作状态都有完全良好的润滑。机器温升低、磨损小、寿命长。

(5)**旋梭的润滑**　可以根据缝纫速度和缝料种类随意调节旋梭的供油量,降低旋梭温升,提高旋梭使用寿命。

(6)**密封性能**　采用了封闭式油箱,所有结合面均有密封装置,并在油路中设有油标,观察方便。

(7)**抬压脚机构**　除了手抬压脚之外,还采用了膝提式内传动结构,操作灵活、舒适。

(8)**机头刚性**　机头造型工整、美观,刚性好,抗震能力强。

第二节　曲折拼缝机的结构原理

AD550 系列曲折拼缝机与一般锁式线迹平缝机的线迹形成原理基本相同,区别是曲折拼缝机针杆刺布之前在横向产生位移。因此,AD550 系列曲折拼缝机除具有锁式线迹平缝机的针杆机构、挑线机构、旋梭勾线机构、送料机构外,还具有摆针机构,以形成 Z 形锁式线迹。此外,还采用自动润滑系统,比一般锁式线迹平缝机要复杂。

一、针杆机构

所谓针杆机构,就是将上轴的动力通过曲柄滑块机构传递给针杆,使其做上下往复的简谐运动。它的任务是引导面线穿过缝料,并形成线环,为缝线的相互交织做好准备。

针杆机构与传动系统如图 2-1 所示。

主轴转动通过电动机驱动,带动上轴手轮 19 旋转,上轴上的针杆曲柄 4、蜗杆 1、上轴时规轮 17 也随着做旋转运动。固定在针杆曲柄 4 上的挑线曲柄 7 一端驱动挑线机构运动,一端驱动针杆机构上下往复运动,时规轮则通过同步带将动力传递给下轴,使下轴获得和上轴同样的旋转运动,下轴通过齿轮和偏心轮机构分别带动旋梭和送料牙运动,蜗杆通过与蜗轮的啮合传递运动给摆针凸轮,使摆针凸轮推动针杆架

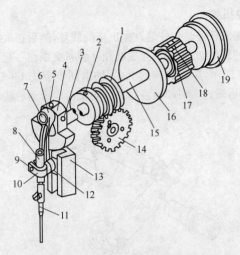

图 2-1　针杆机构与传动系统

1. 蜗杆　2、3、9. 螺钉　4. 针杆曲柄　5. 针杆曲柄夹紧螺钉　6. 针杆连杆
7. 挑线曲柄　8. 针杆　10. 针杆连接柱　11. 机针　12. 针杆滑块　13. 滑块导轨
14. 蜗轮　15. 上轴　16. 止油圈　17. 上轴时规轮　18. 定位螺钉　19. 手轮

做横向运动。

二、挑线机构

挑线机构的主要任务是向机针和梭子传送面线（供线），使面线线环脱离梭组件，收线和抽紧线迹，依次从线卷中抽出新的线段供下一个线迹使用。

挑线机构如图 2-2 所示，在 AD550 系列曲折拼缝机中，挑线杆 2 与挑线曲柄 5 的配合部位采用滚针轴承，以适应高速运转的要求。为了减小挑线杆的惯性力，挑线杆采用了铝质材料。

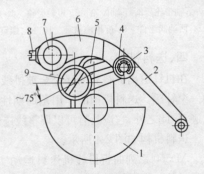

图 2-2　挑线机构

1. 针杆曲柄　2. 挑线杆　3. 挑线杆销轴
4. 挡圈　5. 挑线曲柄　6. 挑线连杆
7. 挑线杆销　8. 螺钉　9. 挑线曲柄螺钉

三、旋梭机构

旋梭机构的任务是勾住缝针抛出来的线环,然后扩大线环,使它绕过藏有底线的旋梭架,使面线与底线相互锁紧交织在一起。

如图 2-3 所示,旋梭机构的上、下轴以同步带按 1∶1 传动比带动下轴旋转,然后通过一对圆柱齿轮和一对锥齿轮带动旋梭旋转。

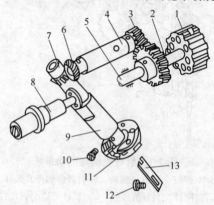

图 2-3　旋梭机构

1. 下轴带轮　2. 下轴齿轮　3. 短轴齿轮　4. 短轴套　5. 下轴　6、7. 旋梭锥齿轮
8. 回油阀组件　9. 旋梭轴前套　10、12. 螺钉　11. 旋梭组件　13. 旋梭定位叉

四、送料机构

在机针退出缝料和线环完全被挑线杆收紧后,送料牙应将缝料移动一个针距。送料机构的作用是周期性地移送缝料,以便形成连续的线迹,除此之外,它应具有可以调整线迹长度与倒送料功能。

送料机构如图 2-4 所示。

AD550 系列曲折拼缝机送料运动实际上是由平移机构和抬牙机构完成的。为了便于分析送料原理,分送料牙的上下运动、送料牙的前后运动、针码密度变化及倒缝原理三个部分来讨论。

(1)送料牙的上下运动　图 2-5 所示为抬牙机构简图,它是由抬牙偏心轮 2、抬牙连杆 1、牙架 3 组成。假想 E 为固定铰链点,则曲柄摇杆机构 $OGEF$,当抬牙偏心轮 2 旋转时,牙架 3 做上下方向的摆动,实现抬牙动作。

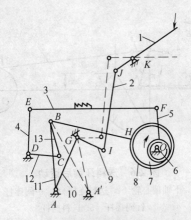

图 2-4　送料机构

1. 开针杠杆　2. 开针连杆　3. 送料牙架　4. 送料摇杆　5. 抬牙连杆
6. 抬牙偏心销轴　7. 送料偏心轮　8. 送料连杆　9. 针码轴夹头
10. 针码连杆　11. 开针摆杆　12. 送料摇杆　13. 中间连杆

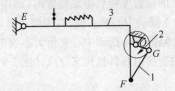

图 2-5　抬牙机构

1. 抬牙连杆　2. 抬牙偏心轮　3. 牙架

　　(2)送料牙的前后运动　在 AD550 系列中,送料牙前后运动是由两个机构来完成的,如图 2-6 所示,一个为 OHBA 曲柄摇杆机构,一个为 BACD 双摇杆机构。件 1 为下轴偏心轮,件 2 为送料连杆,件 4 为针码摇杆。当下轴偏心轮 1 旋转时,带动针码摇杆 4 摆动。在 ABCD 双摇杆机构中,4 为针码摇杆,件 3 为中间连杆,件 5 为送料摇杆,针码摇杆 4 的摆动又将 B 点的运动传递到 C 点,使送料摇杆 5 也随之摆动,使牙架上 E 点产生前后运动。

　　(3)针码密度变化及倒缝原理　如图 2-6 所示,改变活动铰链 A 的位置即可实现针码大小及倒顺送料。当针码摇杆 4 变换到中间连杆 3

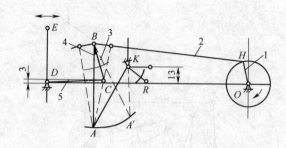

图 2-6　送料牙前后运动

1. 下轴偏心轮　2. 送料连杆　3. 中间连杆
4. 针码摇杆　5. 送料摇杆

的左侧时,为顺送料,顺送料的距离大小与中间连杆 3 及针码摇杆 4 两摆动中心线夹角大小成正比,当两杆摆动中心线重合时,送料牙的前后运动为 0,即针码为 0。

当活动铰链 A 的位置变换到虚线位置时,即中间连杆 3 的摆动中心线处在针码摇杆 4 摆动中心线右侧时,为倒送料,其倒送料距离的大小与中间连杆 3、针码摇杆 4 摆动中心夹角大小成正相关。

活动铰链 A 的变换由开针机构来完成。图 2-7 所示为开针机构。

五、摆针机构

摆针机构的作用是使机针按要求的摆幅进行缝纫而形成横向针迹。摆针机构如图 2-8 所示。其简图如图 2-9 所示,原动件摆针凸轮 1 绕固定中心 O 转动。凸轮挺杆 2 端头的滚子中心 A 点随凸轮径向变化绕 B 点摆转,由于凸轮挺杆 2 和摆针曲柄 4 都通过夹头固定于摆针轴 3 上,所以凸轮摇柄摆转 β 角时,摆针曲柄 4 也转动 β 角,摆幅曲柄的运动,通过 F 处滑块 5 的作用,带动摆幅连杆 8 做平面运动,从而使滑轴 9 左右移动,驱动针杆 10 左右平移滑动。调幅曲柄 6 一端与摆幅连杆 8 铰接,另一端 E 点的位置可通过拧转调幅板 7 改变 α 角的大小加以调节,调好之后便固定下来。

图 2-9 中粗实线所示是反映最大极径 $R+\delta$ 时摆针机构的位置,虚线所示是对应于最小极径 $R-\delta$ 时摆针机构的位置。

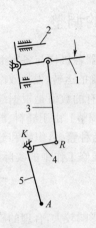

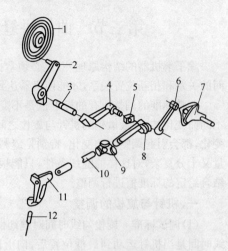

图 2-7　开针机构
1. 开针扳手　2. 针码调节旋钮
3. 开针连杆　4. 针码轴夹头
5. 针码摇杆

图 2-8　摆针机构
1. 摆针凸轮　2. 凸轮摇柄　3. 摆针轴
4. 摆幅曲柄　5. 摆幅曲柄滑块　6. 调幅曲柄
7. 调幅板　8. 摆幅连杆　9. 连杆夹头
10. 滑轴　11. 针杆架　12. 针杆

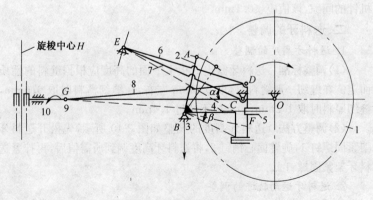

图 2-9　摆针机构简图
1. 摆针凸轮　2. 凸轮挺杆　3. 摆针轴　4. 摆针曲柄　5. 滑块
6. 调幅曲柄　7. 调幅板　8. 摆幅连杆　9. 滑轴　10. 针杆

第三节   曲折拼缝机的调整

除了解机器的结构原理外,还必须掌握机器各机构与各零部件之间的关系和相互位置关系,才能使机器达到正确的运转,发挥效率。

调整标准的调整值有的标准值是不变的,有的数值是根据缝料的不同而变化的,如最敏感的机针与旋梭之间的调整。由于缝料、缝线的变化,都会引起调整值的变化,特别是缝料的品种繁多,织物和缝线质量又十分复杂,对这样的缝纫条件,只能根据维修工作中的实际经验,结合给定的标准值进行调整。

一、机针与旋梭的调整

(1)调试标准   旋梭勾线时间对缝纫性能影响较大,合理的旋梭勾线时间是当机针运动到最低位置后,向上回升 2.2mm,旋梭的梭尖到达针孔上边 2mm 处。由于机针杆在工作时摆动,因此确定旋梭勾线时间参数,必须兼顾左、右极限位置。

(2)调整方法   机针与旋梭的调整如图 2-10 所示,卸下面板 4,松开针杆连接柱紧固螺钉 5 后,可以调整针板的高低。松开旋梭壳的三个紧固螺钉,即可调整旋梭梭尖相对于机针运动的角向位置及梭尖与机针的间隙,该值应<0.1mm。

二、送料牙的调整

1. 送料牙高度的调整

(1)调整标准   送料牙露出针板上平面的高度应根据缝料的性质而定。在缝纫一般缝料时,取 0.8mm 左右,在缝纫薄料时取 0.6mm,缝纫厚料时取 1.2mm,最大应不超过 1.4mm。

(2)调整方法   送料牙高度的调整如图 2-10 所示,先松开送料牙架紧固螺钉 1,旋转偏心销钉 2,将送料牙高度调到所需值后,再拧紧送料牙架紧固螺钉 1。

2. 送料牙运动轨迹的调整

(1)调整标准   标准的送料牙运动轨迹为一椭圆形,送料牙露出针板,送料动作近似为一直线,送料牙在针板槽中前后、左右间隙相等。

(2)调整方法   改变下轴偏心的位置,即可得到符合要求的送料牙

运动轨迹和距针板槽前、后间隙。改
变送料摇柄在送料轴上的前后位置，
可调整送料牙在针板槽中的左、右
间隙。

三、机针与送料牙配合的调整

（1）**调整标准**　送料牙与机针的
运动配合，应调节到机针针孔 1/2 处
与送料牙齿面、针板上平面在同一平
面上。

（2）**调整方法**　脱掉下时规轮上
的同步带，转动手轮，使机针与送料牙
处于标准位置关系。

四、摆针机构的调整

1. 摆针动作的调整

（1）**调整标准**　由于 GI10-1Z 形缝
纫机要实现摆动，摆针凸轮推动针杆
架做间歇摆动，使机针从刺穿缝料到
抽出缝料的这段时间里停止摆动，这
样才能与送料牙动作协调，形成线迹。
正确动作应当机针做横向摆动时，开

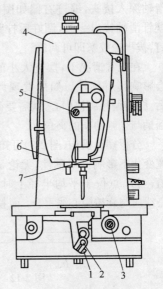

图 2-10　送料牙高度调整
1. 紧固螺钉　2. 偏心销钉
3. 油量调节螺钉　4. 面板
5. 连接柱紧固螺钉
6. 左调节柱　7. 右调节柱

始和结束针杆行程的高度应相等。摆针动作的调整如图 2-11 所示，如
果针杆行程左、右运动的高度不相等，就会出现跳针现象，因为即使机
针已经穿透了缝料，但是机针的行程没有到底，这样机针就会把缝料
扯破。

（2）**调整方法**　松开上轴蜗杆紧定螺钉，改变蜗杆与手轮间的相对
位置，直到机针动作符合要求再拧紧。

2. 摆针对中的调整

为了防止最大摆幅缝纫时出现跳针现象，应进行摆针对中的调整，
如图 2-12 所示，摆幅 h 应均匀分布在旋梭中心两侧，如图 2-12c，如若
不然可以调整图 2-9 中 G 处的接头，改变 HG 的距离，使摆宽对称于旋
梭中心。调整时：松开接头上的支紧螺钉，缝迹左偏如图 2-12a；将摆针

滑轴深入接头,缝迹右偏如图2-12b;将
摆针滑轴拔出一些,调好后拧紧支紧螺
钉,拔出橡胶塞即可调整。

　　在正常情况下,摆宽大小的变化不
会影响其对称性。如果发现调节摆宽
后,缝迹偏移旋梭中心,就需要调整凸轮
摇柄与摆幅曲柄的夹角 γ。

　　分析摆针机构(图2-9)可知,要使摆
宽变化不影响其对称性,无论 α 角取何
值,当 A 点位于平均半径上时,针杆中
心线应与旋梭中心线重合,而摆幅连杆

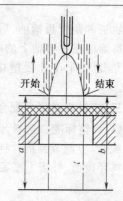

图 2-11　摆针动作的调整

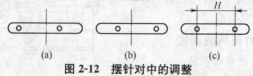

图 2-12　摆针对中的调整

上的 D 点应与 C 点重合,在此条件下可以通过推导得出: $\gamma = 77°$。按
照77°的关系调好凸轮摇柄与传动柄的夹角就可解决摆宽变化缝迹偏
移的问题。标准的线迹如图2-13所示,图2-13a所示为两点式线迹,图
2-13b所示为三点式线迹,图2-13c为四点式线迹,从中可以看出摆针
凸轮每个周期为12针。

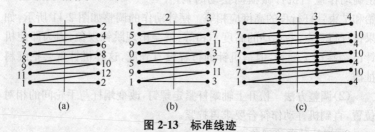

图 2-13　标准线迹
(a)两点式线迹　(b)三点式线迹　(c)四点式线迹

　　3. 摆针前后间隙的调整

　　(1)调整标准　要求机针在针板容针孔槽中和压脚容针孔槽中时,
不仅保证机针在左、右极限位置时距容针槽两端距离相等,同时要求在

前后方向也对称。

(2)调整方法　如图 2-10 所示,改变导轨左调节柱 6 和导轨右调节柱 7,旋松右调节柱 7,旋进左调节柱 6,则机针向前位移,反之则向后位移。由于针杆架在横向做来回平移运动,与两调节柱间为间隙配合,调节时要注意。

五、旋梭供油量的调整

(1)调整标准　根据缝纫速度和缝料的变化,旋梭的供油量需适当调整。

(2)调整方法　如图 2-10 所示,顺时针拧油量调节螺钉 3,旋梭供油量增大,反之则减小。

六、摆针凸轮的更换

根据生产需要的线迹形式更换摆针凸轮。该机备有两点式如图 2-13a 所示、三点式如图 2-13b 所示和四点式如图 2-13c 所示三种线迹凸轮。每种线迹凸轮可以通过曲线槽内侧半径的变化来区分。卸下后盖,即可完成摆针凸轮的更换。

第四节　曲折拼缝机的自动润滑系统

自动加油润滑系统是缝纫机向高速化、自动化发展的一项必不可少的措施。它可使缝纫机操作方便、工作稳定、噪声低、寿命长。为了适应 AD550 系列曲折拼缝机高速运转的需要,在该机中采用自动润滑系统,通过油泵及完善的油路系统,将润滑油输送到每个所需的润滑部位,并将润滑部位多余的油通过回油泵或油路输送到油池,从而保证在缝纫工作时机器运转灵活、轻松和具有较高的配合精度。整个系统是封闭式的,保证了使用环境的清洁。

一、油泵

如图 2-14 所示,自动润滑系统一般由油泵、油池、分油阀、流量调节阀、油路等构成。在 AD550 系列曲折拼缝机中采用结构简单、工艺性能好、体积小、装配方便、润滑效果较理想的柱塞泵。图 2-15 所示为柱塞泵的结构,其工作原理是通过旋转时偏心泵芯与泵体间容积的变化,从进油孔吸油并从出油孔中排出,径向柱塞在弹簧的作用下,始终顶触在泵芯的偏心处。

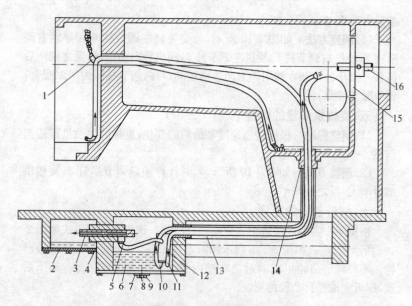

图 2-14   自动润滑系统

1. 油绳管   2. 小油池   3. 短轴   4. 短轴套   5. 小油池供油管   6. 大油池
7. 油池孔密封圈   8. O 形密封圈   9. 放油螺栓   10. 蜗杆副供油管
11. 机壳前端回油管   12. 油泵   13. 机壳后腔回油管
14. 大油管接头   15. 止油圈   16. 上轴

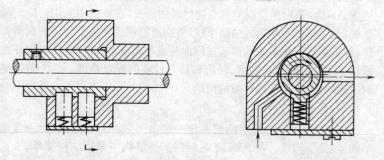

图 2-15   柱塞泵的结构

二、油路

油路的作用是合理地用油绳、油管、空心轴、油嘴接头等沟通油源、油泵与需润滑部位。如图 2-14 所示,润滑油经油泵 12 从大油池 6 中吸入小油池供油管 5 和蜗杆副供油管 10,从小油池供油管 5 中出来的油从油嘴接头、短轴套 4 的孔和短轴 3 的轴孔流入小油池,从蜗杆副供油管 10 中出来的油喷射到蜗杆、蜗轮上,落下的油积蓄在机壳后腔中,达一定量后,余油从机壳后腔回油管 13

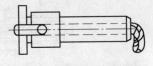

图 2-16　挑线杆轴的润滑

流入大油池 6 中。油绳管 1 中的油绳一端浸泡在机壳后腔油液中,通过虹吸将油绳一分支输送到挑线杆销上。挑线杆轴的润滑如图 2-16 所示,一分支输送到针杆架上油毡中,以润滑针杆,针杆的润滑如图 2-17 所示。图 2-18 所示为送料轴与牙架销轴的润滑线路,油绳浸泡在大油池中。

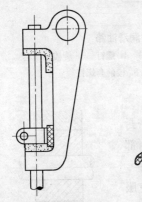

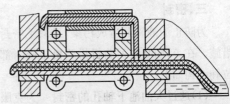

图 2-17　针杆的润滑　　图 2-18　送料轴与牙架销轴的润滑线路

　　图 2-19 所示为旋梭组件的润滑油路。小油池中的油通过梭前套螺钉 8 的孔进入梭轴油孔,流到旋梭挡油板 7 处改变流向。当旋梭高速旋转时,离心力的作用使油液呈雾状甩出,沿圆周渗入需润滑表面。流入挡油板的油量可以通过改变回油孔大小来控制。旋进回油阀心 1,梭轴油孔回油量减小,反之则增加,余油从回油孔中流入小油池形成循环,其动力源是由旋梭轴上的左旋螺旋槽在高速旋转时产生的,将余油向回油孔方向赶,同时润滑旋梭轴与轴套,而两对齿轮则直接浸泡在油池中。

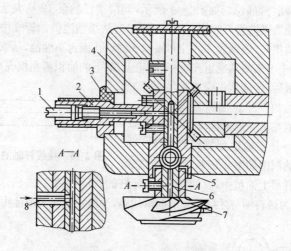

图 2-19   旋梭组件的润滑油路

1. 回油阀心 2. 回油阀 3. 回油阀闷头 4. 螺钉 5. 旋梭轴前套
6. 旋梭轴 7. 旋梭挡油板 8. 梭前套螺钉

三、密封

为防止油液滴漏造成污染,采取了密封措施。在 AD550 系列曲折拼缝机中密封部位和结构如下:

(1)**通过大油池下轴孔的密封**   为克服轴与轴套间的渗油、漏油,采用如图 2-20 所示的密封结构。耐油橡胶密封圈用胶粘在轴套上。密封圈内圆的直径应比轴径小 0.3～0.5mm。

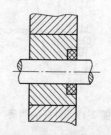

图 2-20   密封结构

(2)**大油池、小油池、旋梭轴端部的密封**   机壳前端、后侧对端盖类密封,都采用纸板密封垫,在接触面上涂上一层胶。

(3)**上轴密封**   采用如图 2-14 所示的止油圈 15。

(4)**放油孔的密封**   采用 O 形密封圈。

第五节　曲折拼缝机的使用与维修

一、安装

(1)电动机的安装　按说明书要求将电动机牢固地安装在机架台板下面,通过三个长螺栓连接。

(2)机头的安装　机头的安装如图 2-21 所示。将机头安装在台板上时,应使机头上的机壳铰链 1 勾住固定在台板上的机壳铰链壳 2,然后转动机头,使之落入台板框孔内,并注意使其回转灵活。把膝提压脚杠杆插入对应孔中。

(3)电动机带轮的安装

①带轮大小的选择。已知上轴手轮分度圆直径 $d_2 = 56mm$,电动机转速 $n_1 = 2800r/$

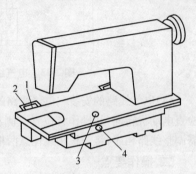

图 2-21　机头的安装
1. 机壳铰链　2. 机壳铰链壳
3. 油标　4. 注油孔橡胶塞

min,若手轮转速 $n_2 = 3200r/min$,则带轮直径 $d_1 = \dfrac{n_2}{n_1}d_2 = 64mm$。

带轮槽根直径 $d_f = d - 15mm$,也可通过测量根圆直径来判断分度圆直径。

②带轮的安装。带轮孔和轴的配合一般采用过渡配合,通过键来传递动力,并用螺纹固定。带轮的安装如图 2-22 所示,在安装带轮前,必须清除配合面上的污物,并涂上润滑油,将带轮装在轴上后,用木槌或铜棒轻轻敲打压入轴中,再用弹性垫圈 2 和螺母 3 拧紧。

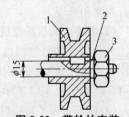

图 2-22　带轮的安装
1. 带轮　2. 弹性垫圈　3. 螺母

③V 带张力的调整。AD550 系列曲折拼缝机采用 V 带传动,节长为 $L_0 = 1050mm$。V 带装上后,调整 V 带张力,当用手指按压 V 带中

间时,上下 V 带间隙应减少 20～30mm 为宜,过大或过小时应调整螺母。

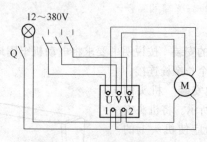

图 2-23　电气线路的安装

(4)**电气线路的安装**　电气线路的安装如图 2-23 所示。接线之后检查电动机转向,从操作者位置右侧看,带轮的转向应为逆时针,否则需调整线路相序,将三根相线任意两根对调即可。

二、操作要点

(1)**检查**　缝纫机出厂前经过检验、调试,质量达到出厂标准。但在运输途中,可能受强烈振动而使某些零部件松动和变形。在使用前,必须用汽油清洗油污后进行全面检查。

检查方法是用手转动手轮,检查机件之间有无转动困难、碰撞、相擦及明显不均匀的阻力和不正常的声响。如有异常现象,需找出原因,进行调整和修理。

(2)**润滑**　曲折拼缝机采用全自动润滑系统,使用之前必须向油池中注入 5 号或 7 号缝纫机油。如图 2-21 所示,注油时,打开底板侧面的注油孔橡胶塞 4,同时观察油标 3,直到油面达到油标两根红线之间即可。换油如图 2-14 所示,旋下放油螺栓 9,排净废油。

(3)**试车**　为了延长机器的使用寿命,新机器第一次使用或长期搁置后重新使用时,先检查油池是否有规定的润滑油,然后抬起压脚,以低于 1500r/min 的速度空载间歇运转 5～10min,使润滑油浸润到机器的各个摩擦部位。机器运转时,注意观察油泵是否供油,从底板油泵附近油管中的油气流动状况可以判断出来,同时注意运动的声响是否正常,如果正常,再逐渐提高到接近额定转速(通过踏板来控制)运行

5min,使机器充分跑合,再检查一次,认为正常后方可正式使用。

(4)**缝线的选择** 面线应采用左捻线,底线左、右捻均可使用。

(5)**机针缝线与缝料的配合** 应使用 DB×1(19 号～21 号)机针,缝线和机针号数的选用见表 2-2。

表 2-2 缝线和机针号数的选用

针 号		缝线类型			缝 纫 材 料
公制	号制	棉线	丝线	尼龙线	
100	16	100～120	30		薄纱布、薄绸、细麻纱布等
110	18	80～100	24～30		薄麻布、薄棉布、绸缎、薄府绸
115	19	60～80	20	3～56	粗布、卡其布、薄呢等
120	20	40～60	16～18		粗厚棉布、薄绒布、灯芯绒等
125	21	30～40	10～12		厚绒布、薄帆布大衣呢、皮革等

注:AD550 系列标准装备使用机针为 DB×1 型 19 号～21 号机针,当需要使用其他型号和规格的机针时,需使用相应的针杆。否则,选用小规格的机针时,由于机针针柄细,装上针杆后,机针晃动大,螺钉拧紧后,针就不在针板孔和压脚孔中心,会产生偏移,使用时机针容易扎在针板或压脚上导致断针;选用大规格机针时,则会安装不上,影响使用。

(6)**机针的安装** 机针的安装如图 2-24 所示。

转动上轮,使机针上升到最高点,旋松止针螺钉,将机针的长槽朝

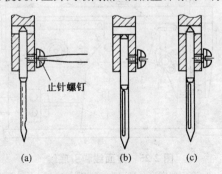

图 2-24 机针的安装

(a)长槽正对操作者左面 (b)针柄未碰到针杆孔底部 (c)正确

向操作者,然后把针柄插入针杆下部的针孔内,直至碰到针杆孔的底部为止,如图 2-24c,再拧紧止针螺钉即可。

如图 2-24a 所示,机针长槽正对操作者左面(这是一般单针平缝机的机针安装方法),如图 2-24b 所示,机针针柄未碰到针杆孔底部都是错误的。

对图 2-24a 所示情况来说,机器无法形成线迹,因为这种情况下,线环平面与梭尖回转平面是平行的,无法使梭尖勾住线环形成线迹。正确的情况应是线环平面与梭尖回转平面垂直,才能保证梭尖具有最佳勾线条件,而控制线环平面的位置取决于机针长槽的安装方向。而梭子的回转平面是不变的,在机器制造时已确定。

对图 2-24b 所示情况来说,主要是影响梭尖通过线环的时间,当机针未插到底部,梭尖与机针中心重合时,梭尖距针孔上缘的关系不再是一个理想值,这样梭尖就不能从线环的最佳点通过,造成勾线可靠性大大降低,易产生跳针、劈线、断线故障,也不利于机器的调整。

每换一次机针,梭尖与机针中心重合时,距针孔上缘的关系都会发生变化,尤其在排除故障时,不易查找故障原因,有时通过调整针杆高度来消除因机针未插到底面引起的间隙,这是不科学的。其实对每种产品来说,针杆高度调好后,最好不要再经常改变针杆高度。

(7)穿面线和引底线　穿面线和引底线如图 2-25 所示。穿面线时

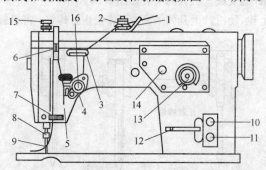

图 2-25　穿面线和引底线

1~9. 穿面线顺序　10、11. 滚花螺钉　12. 开针扳手
13. 摆幅手柄　14. 摆幅固定螺母　15. 调压螺钉　16. 滚花螺母

针杆应处在最高位置,按1～9的顺序穿引面线,面线从机针前面穿入。引底线时,先将面线用左手捏住,转动上轮,使针杆向下运动再回升到最高位置,然后拉起捏住的面线线头,底线即被牵引上来。

(8)**绕底线**　在非缝纫状态下绕线,一定要抬起压脚,或在压脚下垫上缝料,以免送料牙、压脚底板磨损。

①绕入梭芯的线面要平整,否则梭芯出线不畅造成底线张力大小不一,影响线迹形成。

②绕入的底线应紧密而不松散,梭芯内的线太松散,不但会使底线长度减少和影响线迹的结合,而且底线在梭子里断开时,往往找不到线头,造成浪费。

③梭芯绕入的线量不宜太多,一般线面要低于梭芯外径0.5～1mm,即90%左右,太满不但会使梭芯装入梭子后转动不灵活,而且会使底线变紧,影响线迹的结合。

(9)**装梭芯**　装梭芯如图2-26所示。把绕满线的梭芯按图2-26所示放入梭子内。将线头由梭皮处的槽中拖进并压在梭皮下,再拖入大些的过线孔,最后从小过线孔引出。

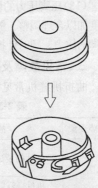

牵拉梭芯引出线时,观察梭芯是否为顺时针方向转动,若为逆时针方向转动,就要把梭芯翻个面重装。否则梭芯惯性大,停缝时,由于惯性的作用使梭芯线散脱,不利于线迹形成。为了减少停缝时梭芯的惯性,可在梭芯下垫一层绒布,或使用带止动簧的旋梭。

图2-26　装梭芯

(10)**针码大小的调整和倒顺送料控制**　如图2-25所示。针码大小可以通过滚花螺钉10、11来调整。逆时针拧紧螺钉10,倒送料针码变化范围增大。逆时针拧紧螺钉11,顺送料针码变化范围增大,针码值由开针扳手12尖指示。针码标牌上半部的数字为顺送料针码读数,下半部的数字为倒送料的针码读数。

需倒向送料时,将开针扳手压下。手松开后,开针扳手能自动复位,恢复顺送料。

（11）**摆针宽度的调整**　如图 2-25 所示，AD550 型机针杆可以横向摆动，摆针宽度由摆幅手柄 13 调节。松开摆幅固定螺母 14，逆时针拧摆幅手柄，摆针宽度减少；顺时针拧摆幅手柄，摆针宽度增大。摆针宽度调好之后，必须拧紧摆幅固定螺母。

（12）**缝线张力的调整**　缝线张力是根据缝料的厚薄、性质和缝线粗细等因素的不同而变化。调整时，顺时针拧图 2-25 所示夹线板上的滚花螺母，面线张力增大；反之，则减小。用螺钉旋具顺时针拧图 2-27 所示的梭皮螺钉，底线张力增大；反之，则减小。

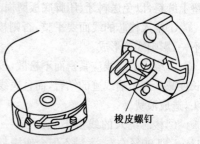

梭皮螺钉

图 2-27　缝线张力调节

（13）**压脚压力的调整**　如图 2-25 所示，压脚压力大小需根据缝料的厚度加以合理调整。缝厚料时，应适当增大压脚的压力；缝薄料时，应减小压脚的压力。顺时针拧调压螺钉 15，压脚压力增大；反之，则减小。

三、常见故障及排除方法

曲折拼缝机常见故障及排除方法见表 2-3。

表 2-3　曲折拼缝机常见故障及排除方法

故障现象	故　障　原　因	排　除　方　法
	机针的装法有误	把针柄插到针孔底，将机针长槽对准操作者
	机针、缝线和缝料之间配合失当	选择适当的机针和缝线
	机针弯曲、粗钝	更换新机针
跳针	旋梭钩尖钝头或折断	修磨梭尖或调换新的旋梭
	机针与旋梭的间隙太大，梭尖没有勾入线环	将机针与旋梭尖之间的间隙调节到 0～0.05mm，如下图所示

续表 2-3

故障现象	故 障 原 因	排 除 方 法
跳针	旋梭勾线时间不当	正确地调节相位； 457 型机针处于最左侧的位置上,旋梭尖保持在机针中心线上,将机针的位置调节到针孔处于旋梭尖下方 0.5～1mm； GI1-2 型：当针杆从最低点上升 2～2.4mm 时,旋梭尖应位于机针中心线处,并高于机针孔上端 1.6mm
断针	机针弯曲	调换新的机针
	机针太细,与缝料不适应	换成合适的机针
	机针碰撞旋梭	正确地调节旋梭与机针的相位、两者的间隙和护针的位置
	摆针机构变位	重新调整摆针宽度
断线	穿线方法有误	重新正确地穿线
	缝线卷绕在挑线杆上	清除被卷绕的线
	缝线绕在旋梭上	除掉绕在旋梭上的线
	面线张力太强或太弱	按缝线张力调节的方法,把张力调节到最佳状态
	机针选用不当	选择合适的机针
	挑线簧张力太强或太弱	把挑线簧的强度调节到最佳状态
	挑线簧的范围太大或太小	把挑线的动作范围调节合适
	旋梭、梭芯套、挑线杆及其他过线件的过线处有伤痕	修光伤痕,或换新的零件
线迹没收紧	面线张力太弱	把面线张力调到合适的范围
	挑线簧的张力太弱	调大挑线簧的强度
	底线张力太弱	将梭芯线的张力适当调大
	缝线过分地比针孔粗	使用恰当的针和线
	旋梭与机针的相位不良	正确地调节相位

续表 2-3

故障现象	故　障　原　因	排　除　方　法
线迹紧密度不够	底线张力太弱	将梭芯线的张力适当调大
	梭芯线绕得不规则，有大、小头现象	正确地绕线，如下图所示，首先把梭芯放在绕线的心轴上，用力往下按；然后按图示路线将线团上的线穿入导线柱、夹线器，把线头在梭芯上绕几圈，再按下满线跳板 B（将它朝箭头 C 的方向按下），并起动缝纫机进行绕线；如果发现梭芯线绕得一端大一端小，可旋松螺钉，将夹线器上下移动进行调节，使绕线均匀有规则 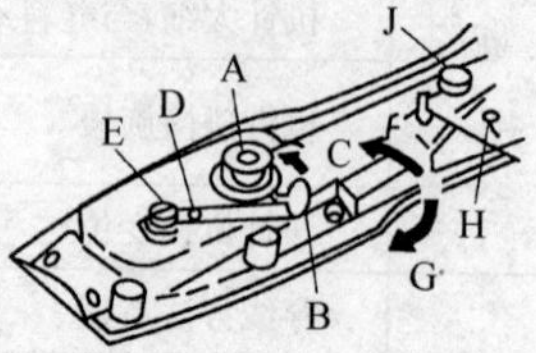

第三章　胜家 457U 系列
高速曲折缝缝纫机

第一节　高速曲折缝缝纫机概述

一、技术规格

胜家 457U 系列高速曲折缝缝纫机也是一种锁式线迹曲折缝缝纫机,同样可用于各种服装的曲折缝缝纫。其技术规格见表 3-1。

表 3-1　胜家 457U 系列高速曲折缝缝纫机技术规格

项　目	参　数
高速缝纫速度/(针/min)	105W/125W/135W 型:5000
	40W 型:4500
	143W 型:4200
机针行程/mm	23
压脚提升高度/mm	8
线迹宽度/mm	0~8 可调
使用机针	胜家 1906－01(16×95)8~18 号
	胜家 8752－64(135×137)10~16 号
挑线杆	旋转式挑线杆
梭子	全回转式旋梭
润滑方式	油泵全自动加油
电动机功率/W	370
机头外形尺寸/(mm×mm×mm)	520(长)×210(宽)×360(高)

二、摆针机构

图 3-1 所示为 457U 系列高速曲杆缝纫机摆针机构。该机构应用等距凸轮,传动间隙小,磨损后可调整下滚柱,使用寿命长。其凸轮升

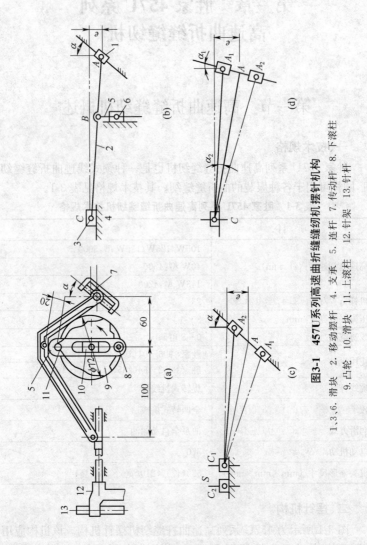

图3-1　457U 系列高速曲折缝缝纫机摆针机构

1、3、6. 滑块　2. 移动摆杆　4. 支承　5. 连杆　7. 传动摆杆　8. 下滚柱
9. 凸轮　10. 滑块　11. 上滚柱　12. 针架　13. 针杆

程为 6mm,锯齿形最大宽度名义上为 8mm,实际为 7.5mm 左右。图中滑杆上、下各固定一滚柱,贴住凸轮。当凸轮回转时,滑杆上下往复运动。上滚柱 11 又与连杆 5 连接,通过连杆 5 使移动摆杆 2 的右端滑块 6 沿着转动杆滑动。滑杆上、下滚柱迫使滑块 3 往复运动。滑杆上、下滚柱是固定的,在任何位置凸轮必须等距,即通过回转中心的直线距离相等。所以凸轮的轮廓必须是奇数等分,每一等分为针杆一次往复周期。

图 3-1a 可简化为图 3-1b 所示的简图。它是平面六杆机构,滑块 1、移动摆杆 2、滑块 3 和支承 4 组成双滑块机构,再增加连杆 5 和滑块 6 为原动件。图 3-1b 中偏距 e 对保证锯齿宽度中心位置不变至关重要,连杆 5 的长度和位置对其也有影响。如图 3-1c 所示,转动杆的倾角 α 越大,则滑块 1 沿转动杆滑动的距离 A_1A_2 越长,同时 A_1A_2 在水平方向上的投影也越长,滑块 3 的行程 S 也越长。如图 3-1d 所示,当传动杆过 C 点,且为 A_1A_2 的垂直平分线时,C_1C_2 重叠在一起(由连杆 5 的长度和位置所决定,$\alpha_2 > \alpha_1$,AC 并不垂直于 A_1A_2)。但滑块 1 在 A_1A_2 之间其他点时,C 点与 C_1、C_2 并不重叠,但差异极小。此时两点式锯齿形线迹变成一条理想直线,三点或四点式等锯齿形线迹变成一近似直线,曲折缝缝纫机变成了平缝机。

第二节 高速曲折缝缝纫机的调节

一、缝线张力的调整

缝线张力的调整如图 3-2 所示。要获得质量优良的理想线迹,机针线和梭芯线的张力应相互平衡。理想的线迹如图 3-2a 所示,在线迹的纵断面上,机针线与梭芯线应在缝料层的中间互锁。若张力调节不正确,两者相互不平衡,就会产生如图 3-2b、c 所示的情况。

(1)机针线张力的调整 机针线张力的调整如图 3-3 所示调节时,应先放下压脚,然后转动夹线螺母,顺时针旋转时面线张力就增大,逆时针旋转时面线张力就减小。

(2)预张力调节器的调整 预张力调节器的调整如图 3-4 所示。

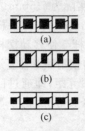

图3-2　缝线张力的调整

(a)理想的线迹　(b)机针线张紧力太紧

(c)机针线张紧力太松

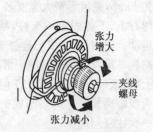

图3-3　机针线张力的调整

当机针线2拉过夹线轮1时，夹线轮1会转动，并对机针线形成一定的张力。此时，如夹线轮1不转动，机针线只在夹线轮上滑移，这将对缝纫工作产生不良影响。引起上述现象的原因是预张力调节器4对机针线产生的张力不够大，应将调节器4的夹线螺母朝顺时针方向旋转进行调整。如果预张力过大，也会影响缝纫质量，而且还会使剪线后机针上留下的线头太短。将夹线螺母朝逆时针方向旋转，就可减小预张力。

无论是缝料还是缝线的种类，或粗、细线更换之后，都要重新调整夹线螺母和预张力调节器。

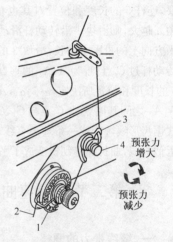

图3-4　预张力调节器的调整

1. 夹线轮　2. 机针线

3. 过线架　4. 预张力调节器

(3)梭芯线张力的调整　梭芯线张力的调整如图3-5所示。在如普通缝纫时，梭芯线的张力应调弱一些。梭芯线张力调整好之后，再调整机针线张力，以便获得如图3-2a所示的理想线迹。调整梭芯线的张力时，应取出梭芯套，再用螺钉旋具旋转梭皮上的螺钉即可。

(4)挑线簧的调整　挑线簧的调整如图3-6所示。改变缝料质地、厚薄以及缝线的种类或粗细时,挑线簧的强度及其移动范围也应相应调整。缝制厚料或用粗线时,挑线簧的强度要增强一些,移动量要稍大;对于薄料和细线,则挑线簧应调弱一些,移动量要较小。

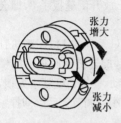

图 3-5 梭芯线张力的调整

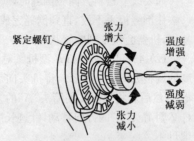

图 3-6 挑线簧的调整

①挑线簧强度的调整如图 3-6 所示,用一把较大的螺钉旋具插入夹线螺钉顶端的槽内,朝顺时针方向转动时可增大挑线簧的强度;朝逆时针方向转动时可减小挑线簧的强度。

②挑线簧移动范围的调整通过旋松夹线器上方的紧定螺钉,然后将整个夹线器组件朝顺时针方向旋转,即可升高挑线簧的位置并增大其移动范围;若朝逆时针方向旋转,即可降低挑线簧的位置,并减小其移动范围。调整完毕后立即拧紧螺钉。

二、压脚压力的调整

压脚压力的调整如图 3-7 所示,合适的压脚压力有助于顺利地送料。在保证能正常送料、获得质量稳定的线迹的前提下,应把压脚压力尽量调得小一些。

调整部位是位于机头顶盖中部略偏后的一支调节螺钉。顺时针旋转调节螺钉,压脚压力就增大;逆时针旋转该螺钉,压脚压力就减小。

三、针迹长度的调整

(1)457U 系列 125W/135W/140W 型机 对于 457U 系列 125W/135W/140W 型机针迹长度的调整如图 3-8 所示。若要调

图 3-7 压脚压力的调整

整顺缝时的针迹长度,需旋转调节螺钉1;若要调整倒缝时的针迹长度,需旋转下方的调节螺钉2。顺时针旋转时,可缩短针迹长度;逆时针旋转时,可加长针迹长度。

如要改变送料方向做倒缝时,应迅速压下倒缝扳手3至最低位置,并按住倒缝扳手不放,直到倒缝完成为止。放开倒缝扳手3,即会自动复位,机器会恢复到顺缝状态。

(2)457U系列143W型机　对于457U系列的143W型机针迹长度的调整如图3-9所示。将机头向后翻倒,旋转机壳底板下的锁紧螺母1,然后若将连杆2朝箭头"A"的方向移动,针迹长度就增大;若将连杆2朝箭头"B"的方向移动,针迹长度就缩小。调节完后立即拧紧锁紧螺母1。

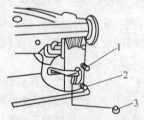 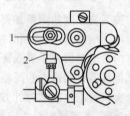

图3-8　125W/135W/140W 型机针迹长度的调整

1、2. 调节螺钉　3. 倒缝扳手

图3-9　143W型机针迹长度的调整

1. 锁紧螺母　2. 连杆

四、曲折缝线迹宽度的调整

(1)457U系列105W型机　曲折缝线迹宽度的调整如图3-10所示。对于457U系列105W型机如图3-10a所示。该型曲折缝线迹宽度由调节杆1控制,它可将机针的摆幅调为0~8mm。

(2)457U系列125W/135W/140W型机　对于457U系列125W/135W/140W型机如图3-10b所示。调整曲折缝线迹宽度时,先旋松螺钉2,然后将调节杆1移动到所需数值的刻线上,立即拧紧螺钉2。

①457U系列125W型机的线迹宽度是0~5mm。

②457U系列135W/140W型机的线迹宽度是0~8mm。

(3)457U系列143W型机　如图3-10c所示调节线迹宽度时,先旋松螺钉2.再将调节杆1移到所需值的刻线上,并拧紧螺钉2。

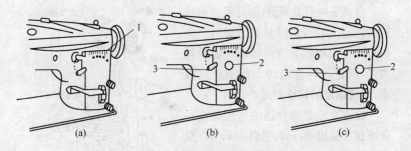

图 3-10　曲折缝线迹宽度的调整

(a)105W 型　(b)125W/135W/140W 型　(c)143W 型

1、3. 调节杆　2. 螺钉

当调节杆 1 定位在刻度范围的中间位置时,线迹宽度为 0;当定位在上方可调范围内时,将产生宽度 0～8mm 的左月牙形曲折缝线迹;当定位在下方可调范围内时,将产生宽度 0～8mm 的右月牙形曲折缝线迹。

五、落针位置的选择

直线线迹和曲折缝线迹都能将落针位置定于左、中、右任意位置上,只需将落针位置扳手移到所需的位置上即可,落针位置的选择如图3-11 所示。

线迹宽度的调整和落针位置的变动绝对不能在缝纫机运转时进行,而且一定要将机针上升到缝料面上方时才可调节。

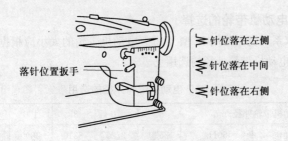

落针位置扳手

针位落在左侧

针位落在中间

针位落在右侧

图 3-11　落针位置的选择

六、旋梭油量的调整

将机头向后方倾倒，即可看到旋梭轴齿轮箱上装着的油量调节螺钉。将调节螺钉朝顺时针方向转动时油量就增多，朝逆时针方向转动时油量就减少，旋梭油量的调整如图 3-12 所示。

检查油量是否合适的方法是将一张纸放在旋梭下，运转机器 15s，若在纸上溅上一条细细的（大约 0.5mm）油线，则表示油量已被调节合适。

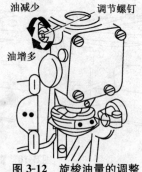

图 3-12　旋梭油量的调整

第三节　高速曲折缝缝纫机的使用与维修

一、机针的选用

对于胜家系列机型必须根据缝料的质地和缝线的粗细，正确选用胜家机针。机针的选用见表 3-2。

表 3-2　机针的选用

机针型号	规　格
1906—01(16×95)	8、9、10、11、12、13、14、16、17、18
8752—64(135×137)	10、12、14、16

二、电动机带轮的选择

胜家系列机型使用 M 型 V 带。电动机带轮的大小应根据缝纫速度而定，电动机带轮外径的选用见表 3-3。

表 3-3　电动机带轮外径的选用

电动机带轮外径/mm		65	70	85	100	115
缝纫速度 /(针/min)	50Hz	2530	2720	3310	3890	4480
	60Hz	3040	3270	3970	4680	5380

三、面线的穿法

在穿线前先应检查一下,确保挑线杆上没有线缠住。并要注意在向挑线杆穿线时,手指避免被面板上的割线刀割伤。

穿线线路如图3-13所示。穿线时先转动手轮,使机针处于最高点位置,然后将面线从线架上穿入上过线杆2、预张力调节器3、主夹线器4(包括穿过主夹线器之后的过线钩和过线板)、挑线杆1、过线架5,直到穿入机针的针眼。穿入针眼时,缝线应该从前向后穿,并拉出长约5cm的线头。

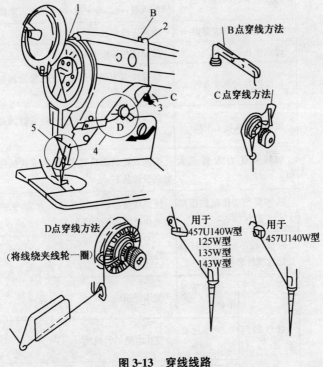

图3-13 穿线线路

1.挑线杆 2.上过线杆 3.预张力调节器 4.主夹线器 5.过线架

四、日常保养

清洗和加油的周期应根据使用频度而定,常用的机器应经常清洗和加油。

拆下针板和针板座,清除送料牙、旋梭和剪线刀周围的布屑和尘埃。清除油盘和油泵滤油网上的碎屑和垃圾。

五、常见故障及排除方法

胜家457U系列高速曲折缝缝纫机常见故障及排除方法见表3-4。

表3-4　常见故障及排除方法

故障现象	故障原因		排 除 方 法
1. 断线	缝线卷绕在挑线杆上		打开挑线杆罩,除掉被卷绕的线,在除去所绕的线时,应小心手指,勿被割线刀割伤
	面线的穿线方法有误		重新正确穿线
	缝线绕在旋梭上		除掉绕在旋梭上的线
	面线张力太强或太弱		按缝线张力调整的方法,把张力调整到最佳状态
	面线从夹线轮上滑出		按应用的要求,把预张力调节器的张力调整得强一些
	挑线簧张力太强或太弱		按挑线簧的调整要求,把挑线簧的强度调整到最佳状态
	挑线簧的动作范围极端太大或太小		按挑线簧移动范围的调整方法,把挑线簧的动作范围调整合适
	旋梭、梭芯套、挑线杆及其他过线件磨损		修光伤痕,或换成新的零件
	缝线的问题	线的质量不好	使用优质线
		线径比针孔粗	使用合适的针或线
		线受热熔化	安装机针冷却装置
	由于跳针而造成的故障		参阅"跳针"故障的排除方法

续表 3-4

故障现象	故障原因		排 除 方 法
	机针的装法有误	机针在针杆的插针孔中没有插到孔底	一定要把针柄插到插针孔底碰着为止
		机针针孔没朝正面	将针孔对准正面方向,切勿歪斜
		机针的方向装反	将机针的长槽对准操作者所在方向
	由机针本身产生	针身弯曲	换成新的机针
		机针的质量不好	换成优质品牌的机针
		机针规格与缝线相比或与缝料相比显得过分细小	换成规格合适的机针或粗细相当的缝线
2. 跳针	旋梭尖头钝或折断		修磨梭尖或调换新的旋梭
	机针与旋梭的间隙太大,使梭尖没有勾入线环		将机针与旋梭尖之间的间隙调节到 0～0.5mm
	针杆高度不合适,使旋梭尖没有勾入线环		将机针的位置调整到针孔处于旋梭尖下方 0.5～1.0mm 处
	旋梭与机针的相位不良		正确地调整相位,方法如下: 将机针摆幅调到"0",然后转动手轮,使旋梭尖处于机针的中心线上,此刻机针与旋梭尖之间的间隙应保持在 0～0.05mm,否则就应调节护针位置,使之达到该项要求(注意调换旋梭时一定要调整护针的位置); 将机针摆幅调到最大值,然后转动手轮,使机针处于最左侧的位置上,并使旋梭尖保持在机针中心线上。接着旋松针杆夹头的螺钉,将机针的位置调节到针孔处于旋梭尖下方 0.5～1.0mm,随即拧紧针杆夹头的夹紧螺钉

续表 3-4

故障现象	故障原因	排除方法
线迹没收紧	面线张力太弱	按缝线张力的调整方法,把面线张力调整到合适状态
	挑线簧的张力太弱	按挑线簧的调整方法调大挑线簧的强度
	底线张力太强	按梭芯线张力的调整方法将梭芯线的张力适当调大一些
	缝线比针孔粗	使用规格恰当的针和线
	旋梭与机针的相位不良	正确地调整相位
线迹紧密度不均匀	底线张力太弱	按梭芯线张力的调整方法将梭芯线的张力适当地调大一些
	梭芯线绕得不规则,出现大、小头现象	按"线迹没收紧"故障的排除方法操作
断针	机针弯曲	调换新的机针
	机针质量不好	换成优质品牌的机针
	机针在针杆孔中未插到孔底	把针柄插到针杆的孔底,碰着为止
	机针太细,与缝料、缝线不适应	换成合适的机针
	机针碰撞旋梭	正确地调整旋梭与机针的相位、两者的间隙和护针的位置

第四章 装饰线缝纫机

装饰线缝纫机可简称为装饰线机，它可以增强服饰的立体感。该机能使彩色线有规律地形成花纹图案，缝在服装衣领、前胸和袋盖上，还可以进行滚花边。装饰线缝纫机不仅能在一般缝料上进行装饰缝，也可以在松紧带或细褶缝上进行规律花边的装饰缝，也适应在毛衣或针织面料上进行装饰缝。装饰线缝纫机可分为饰边机和加入花式线多排双线链式线迹的装饰线缝纫机两类。饰边机是在制品的边缘上进行装饰缝，曲折缝缝纫机、月牙机和包边机都可以作为饰边机用，所以饰边机的工作原理与曲折缝缝纫机和月牙机基本相同。

第一节 装饰线缝纫机的结构原理

一、花式线图案形成机构

装饰线缝纫机的结构如图 4-1 所示，其传动路线如图 4-2 所示。

装饰线缝纫机是在双线链式缝纫机的机构系统基础上增加了花式线图案形成机构，如图 4-3 所示，即花式线针床横动机构而形成的。

如图 4-1 和图 4-3 所示，电动机通过带轮 1 带动同步带 2，使上轴 32 转动，由于蜗杆 31 是套装在上轴 32 上的，则蜗杆 31 也转动，这样就带动了蜗轮 30 减速转动，蜗轮轴 29 也转动，蜗轮轴 29 的另一端以键连接着复合凸轮 11，复合凸轮 11 按一定速比慢速转动。复合凸轮 11 的内外侧有沟槽曲线，复合凸轮分别带动装在内、外侧的凸轮从动件 8 和 9，由于从动件 8 和 9 是由从动件拉簧 7 拉住，使从动件 8 和 9 一直紧压在复合凸轮 11 的沟槽曲线上从动，因此凸轮从动件 8 和 9 是按照复合凸轮 11 的沟槽曲线规律运动的。凸轮从动件 8 和 9 的另一端铰接着凸轮内、外侧摆杆 6 和 10，而摆杆 6 和 10 的一端球面铰接固定在凸轮内外侧摆杆固定机构 3 和 4 上，另一端用凸轮内外侧球面铰接链 27 和 12 与凸轮内、外侧连杆 26 和 13 球面铰接，这样使凸轮内、外侧摆

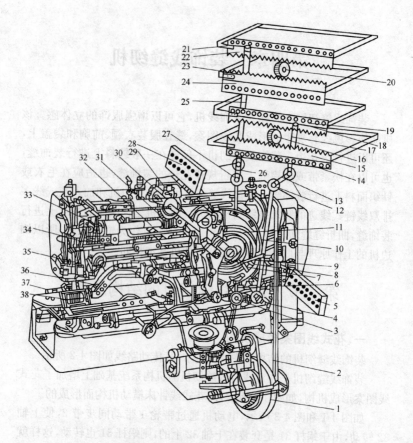

图 4-1　装饰线缝纫机的结构

1.带轮　2.同步带　3.凸轮内侧摆杆固定机构　4.凸轮外侧摆杆固定机构 5、28.过线板　6.凸轮内侧摆杆　7.从动件拉簧　8.复合凸轮内侧从动件　9.复合凸轮外侧从动件　10.凸轮外侧摆杆　11.复合凸轮　12.凸轮外侧球面铰接链　13.凸轮外侧连杆　14.第四穿梭板　15.第四齿条　16、20.齿轮　17.凸轮外侧连接杆　18.第三齿条　19.第三穿梭板　21.第一穿梭板　22.第一齿条　23.第二齿条　24.第二穿梭板　25.凸轮内侧连接杆　26.凸轮内侧连杆　27.凸轮内侧球面铰接链　29.蜗轮轴　30.蜗轮　31.蜗杆　32.上轴　33.针杆曲柄　34.针杆连杆　35.针杆　36.花式线压脚　37.多排缝针　38.链式缝压脚

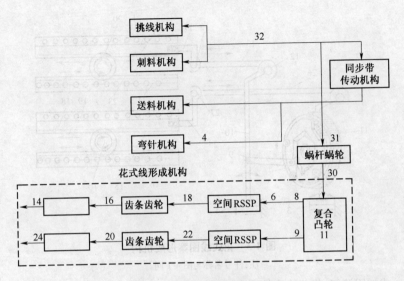

图 4-2　装饰线缝纫机传动路线

注:件号与图 4-1 同。

杆 6 和 10 分别按照复合凸轮 11 的沟槽曲线,绕凸轮内、外侧摆杆固定机构 3 和 4 进行摆动和摇动,再经过连杆 13 和 26,分别使与其球面铰接的凸轮内、外侧连接杆 25 和 17 跟随从动。由于连接杆 17 和 25 分别与第三齿条 18 及第一齿条 22 连接,这样就使第一齿条 22 和第三齿条 18 按照复合凸轮 11 的沟槽曲线进行往复移动,再由第一齿条 22 通过与其啮合的齿轮 20,转动并带动与齿轮 20 啮合的第二齿条 23 作相反方向往复移动。同样第三齿条 18 通过与其啮合的齿轮 16 转动,带动与齿轮 16 啮合的第四齿条 15 也作相反方向往复移动。这样就使与四根齿条分别对应连为一体的第一穿梭板 21、第二穿梭板 24、第三穿梭板 19 上都按一定的要求穿着各种花式线,因此四块穿梭板分别带着各自的花式线按照复合凸轮 11 的沟槽曲线进行互相搓合运动。花式线经过线板 5 和 28 后,按复合凸轮 11 的沟槽曲线在面料上排列出图案,由花式线压脚机构固定压住花形图案,然后由链式针杆机构的针杆曲柄 33、针杆连杆 34、针杆 35、链式缝压脚 38 和多排缝针 37 进行链

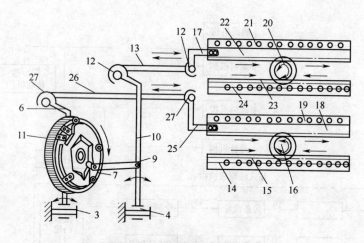

图 4-3　花式线图案形成机构

注:件号名称与图 4-1 同。

式加固缝纫,将花式线的图案缝制在链式线迹内。这样使花式线按需要形成了复杂图案。由此,只要更换不同沟槽曲线的复合凸轮 11(即花盘),就能获得各种各样的花形图案。

二、其他机构

包括刺料机构、挑线机构和送料机构,如图 4-1 和图 4-2 所示。刺料机构由针杆曲柄 33、针杆连杆 34、针杆 35 组成。挑线杆装在针杆 35 上一同运动。针杆下降时放松缝线,上升时拉紧缝线,形成线迹,并从线轴上拉出一个线迹所需要的缝线。

第二节　装饰线缝纫机的使用与维修

一、使用中的调整

(1)复合凸轮沟槽曲线的调整　图 4-4 所示为复合凸轮的结构。复合凸轮沟槽曲线的调整如图 4-1 所示,先拆下从动件拉簧 7,卸下复合凸轮内、外侧从动件 8 和 9,拧下复合凸轮 11 上蜗轮轴端紧固螺钉,然后将其他紧固锁紧螺钉拧下。取下固定夹板,轻轻地向外敲出花盘

（即沟槽曲线凸轮），而后选择所需要的图案花盘，套进蜗轮轴并按方向标记轻轻向内推进，使花盘轮圈与外齿圈平齐，再安上固定夹板，并将紧固锁紧螺钉拧紧，将蜗轮轴端上的紧固螺钉拧紧，并安装好复合凸轮内、外侧从动件 8 和 9，把拉簧装好，这样即调整好了。

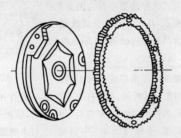

图 4-4　复合凸轮的结构

　　（2）穿梭板的位移调整　　如图 4-1 所示，在花盘安装正确的情况下，如果排列出来的花形图案形状太小或太大，是由于穿梭板的位移太小或太大，因此必须对穿梭板的位移进行调整。首先调节凸轮内、外侧摆杆固定机构 3 和 4 的位置，这样就调整了凸轮内、外侧摆杆 6 或 10 的有效工作长度，进行反复调试，使穿梭板的位移达到所要求的有效工作位移。通过调节凸轮内、外侧球面铰接链 27 或 12（球面副）的位置，同样也能调整凸轮内、外侧摆杆 6 或 10 的有效工作长度。经反复调试，使穿梭板的位移达到所要求的有效工作位移。

　　（3）穿梭板穿法的调整　　如图 4-3 所示，四块穿梭板上的黑圈为花式线所穿过的过线孔，其他空圈是没有花式线穿过的过线孔，因此这种花式线的穿法为 231。如果花式线穿错了，则花形图案就有变化，所以在生产中必须对穿梭板的穿法进行调整，也就是重新穿花式线或进行个别补穿。装饰线机在工作前必须检查穿梭板的穿法是否正确。

　　（4）带轮速度的调整　　调整带轮的速度会改变蜗杆、蜗轮的速度，从而改变图 4-1 中复合凸轮 11 的转速。在花式线走线速度一定的情况下，就会使图案花形有所改变，因此通过调整复合凸轮 11 的转速，也能达到所需要的装饰花形图案。

　　二、常见故障及排除方法

　　装饰线缝纫机常见故障及排除方法见表 4-1。

表 4-1　常见故障及排除方法

故障现象	故障原因	排除方法
装饰花纹图案不符合要求	选用的复合凸轮的沟槽曲线不符合要求,穿梭板的位移、穿梭板的花式线穿法都不符合图案花纹的要求,其中某一条花式线断线,复合凸轮的沟槽曲线(即花盘)磨损、破裂	更换符合图案花纹的沟槽曲线凸轮(花盘);进行穿梭板位移调整;进行穿梭板穿法的调整,重新穿上花式线,更换或修研复合凸轮
装饰线不能形成图案花纹	装饰线图案形成机构中的各连接件脱开或咬死,从动杆不在复合凸轮的沟槽曲线上,穿梭板上的齿条磨损,不能与图 4-1 中齿轮 16 或齿轮 20 啮合,使穿梭板不能移动,齿轮 16 或齿轮 20 磨损,同样也不能带动第二或第四齿条移动,使其相应的穿梭板不能移动	检查并紧固机构中的各连接件,咬死部分重新组装;把从动件上的滚子装在沟槽曲线上,并装好拉簧;更换穿梭板上磨损的齿条,更换与齿条啮合的磨损齿轮
装饰花纹图案的加固缝线迹弯曲	缝线与缝料的色泽不调和,针和线的规格与缝料不配合,面线与底线的张力较小,花式线压脚机构与链式缝的压脚在送料过程中不协调互相拉料把线迹拉弯曲	选择色泽与缝料协调的缝线,选择适当的机针和缝线;把装饰线机的面底线张力调到比一般平缝机稍大点,适当加大针距,调整花式线压脚机构,使其与链式缝压脚工作协调
花式线的花纹图案有些没有被加固缝线迹压住	花式线所排列出来的花纹图案没有完全对准加固缝的针迹,缝针的排针宽度小于花纹图案的尺寸,多针的针距太宽	调节花式线压脚机构使其图案对准加固缝的针迹;选用排针宽度较宽的多针机型或调换较宽的排针座,使其符合图案尺寸;调整多针的针距
花式线或缝料表面起毛或拉出丝毛状或咬伤	花式线压脚有毛刺,移动过程中把花式线或缝料纤维拉断,机针针尖已钝秃,穿刺时把花式线或缝料的纤维切断,使表面起毛呈抽丝状,缝料质地密而软时,也会出现起毛,送料牙的齿尖锐并太高,压脚压力太大	修磨或更换花式线压脚,使其接触面光滑,更换已钝秃的机针,适当加大针距,选用适合装饰线机缝纫的缝料或选用适合质地软而密的装饰线机机型,适当降低送料牙的高度,减小压脚的压力

第五章 重机 MF-7800 系列 高速筒式装饰缝缝纫机

第一节 高速筒式装饰缝缝纫机概述

一、各部位的名称

各部位的名称如图 5-1 所示。

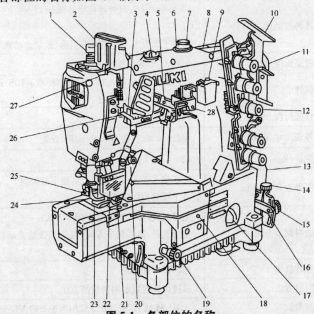

图 5-1 各部位的名称

1. 压脚调节螺钉 2. 针杆挑线杆罩 3. 摇动挑线杆护线器 4. 机油循环确认窗
5. 摇动挑线杆 6. 供油口 7. 微量抬压脚旋钮 8. "OIL"显示 9. 针线硅油装置
10. 第一线导向器 11. 上带轮 12. 线张力旋钮 13. 带罩 14. 微量差动调节旋
钮 15. 差动锁紧螺母 16. 差动调节扳手 17. 油盘量规 18. 前罩 19. 送料调
节旋钮 20. 滑动罩 21. 针尖硅油冷却装置 22. 护目罩 23. 针板 24. 护指器
25. 切线刀刃 26. 摇动挑线杆线导向器 27. 针杆挑线杆护线器 28. 硅油箱线导向器

二、技术规格

技术规格见表 5-1。

表 5-1　技术规格

No.	项　目	规　格
1	机种名称	高速筒式装饰缝缝纫机
2	型号	·MF-7800 系列
3	线迹形式	ISO4915 规定的 406、407、602、605 型线迹
4	用途	用于针织制品的下摆缝,盖缝
5	最高缝制速度/(r/min)	6 500(间歇运转时)
6	针迹宽度/mm	3 针:5.6、6.4 双针:4.8(通过特别预定可达到 4.0)
7	送料差动比	1∶0.6∼1∶1.1(缝迹长度 2.5mm 以下)、1∶0.9∼1∶1.8; 装备了微量差动送料调节机构(微量差动调节)
8	缝迹长度/mm	0.9∼3.6(通过调整可达到 4.5)
9	机针	UY128GAS 风琴＃9S∼＃14S(标准＃10S); 蓝狮 Nm65∼90(标准 Nm70)
10	针杆行程/mm	31(标准)
11	外观尺寸/mm	(高)450×(左右)456×(前后)267
12	质量/kg	42
13	压脚上升量/mm	8(针幅 5.6 无口装饰缝)、5(带上装饰缝) 装备了微量抬压脚机构
14	送料调节方法	主送料:拨盘式缝迹缝距调节方式; 差动送料:扳手调节方式(装备了微量差动调节机构)
15	弯针机构	球面杆驱动方式
16	润滑方法	通过齿轮泵强制润滑供油方法
17	润滑油	JUKI MACHINE OIL18(相当于 ISO VG 18)
18	贮油量	油盘量规下线 600∼上线 900
19	托盘方法	上摆式
20	针尖,针线硅油冷却装置	标准装备

三、型号含义

适用机种：MF-7800 系列

1　2　3　4　5　6　7　8　9　10　11　12　13　14　15　16

17　18　19　20　21　22　23　24　25

M　F　7　8　△　△　□　△　△　B　△　△　/　□　□

△　△　/　□　□　△　△　－　□　□

各位数含义见表 5-2。

表 5-2　各位数含义

3～6 位数		机种区分	
7822		双面装饰缝 2 针	
7823		双面装饰缝 3 针	
7～9 位数	用途区分		
	用途	内容	
U10	通用型	叠缝、盖缝、下摆卷缝	
K10	盖缝	盖缝式的压缝	
10 位数		脱线爪形状	
B		B 型(标准)	
11～12 位数		针迹宽度区分/mm	
48①		4.8	
56		5.6	
64		6.4	
14～22 位数	装置、附件区分②	24 位数	销售地	25	附属规格区分
无		A	标准	B	标准

注：① 3 针的情况下不能选择 48。

②装置，附件只有 1 个的情况下，在第 13 个数字处为"/"符号。

第二节　高速筒式装饰缝缝纫机的使用与维修

一、标准调整

1. 摆动挑线杆的调整

摆动挑线杆的调整如图 5-2 所示。

(1)调整标准

①摆动挑线杆的长度。摆动挑线杆 1 的长度 a 是从轴心到摆动挑线杆端过线孔面的尺寸，a 值见表 5-3。

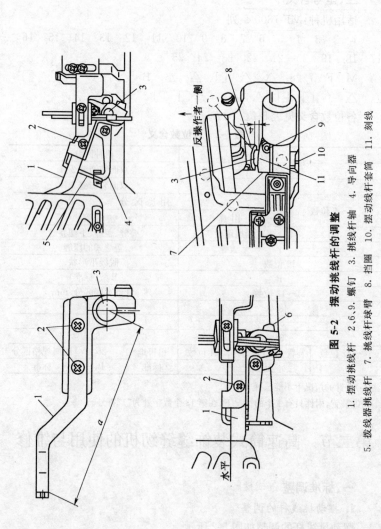

图 5-2　摆动挑线杆的调整

1. 摆动挑线杆　2、6、9. 螺钉　3. 挑线杆轴　4. 导向器
5. 拨线器挑线杆　7. 挑线杆球脖　8. 挡圈　10. 摆动线杆套筒　11. 刻线

表 5-3　a 值　　　　　　　　　　　　　　　（mm）

缝迹类型	尺寸	缝迹类型	尺寸
标准缝迹	90	柔软缝迹	98

②摆动挑线杆的位置。当针杆在最低点时,将摆动挑线杆 1 安装在水平的位置上。

③摆动挑线杆的相位。当针杆在最低点,让摆动挑线杆也到达最低点为标准的相位。摆动挑线杆 1 的相位应在摆动挑线杆球臂 7 的位置上进行调整。

④摆动挑线杆的相位和针线线环的关系。在使用极易伸缩和没有伸缩的线时,可以通过变换摆动挑线杆 1 的相位来调整针线线环的大小。摆动挑线杆的相位和针线线环的大小关系见表 5-4。

表 5-4　摆动挑线杆的相位和针线线环的大小关系

	相位推迟（在操作者一侧运动）	相位提前（在操作者对面运动）
使用针杆挑线杆的情况	线环变小	线环变大
不使用针杆挑线杆的情况	线环变大	线环变小

摆动挑线杆 1 的长度过长,针线就会绷得过紧。在拉长摆动挑线杆时,应确认不要碰到挑线杆罩。摆动挑线杆长度过短,针线张力会过松。升高摆动挑线杆 1 安装位置,在使用针杆挑线杆时,针线张力会松。在不使用针杆挑线杆时,针线张力会紧。

(2)调整方法　如图 5-2 所示。

①在调整摆动挑线杆的长度时,松动螺钉 2,左右摆动挑线杆 1,调整长度。

②在调整摆动挑线杆的位置时,松动固定螺钉 6,上下运动摆动挑线杆 1,调整其位置。

在调整摆动挑线杆 1 的位置时,不要让拨线器挑线杆 5 和拨线器线导向器 4 相碰,再用螺钉 6 固紧。

③在调整摆动挑线杆 1 的相位时,先拆下上罩,松动摆动挑线杆球臂固定螺钉 9,前后运动摆动挑线杆球臂 7,调整其位置。当摆动挑线

杆球臂 7 后端(操作者相对一侧)和摆动挑线杆轴 3 的刻线 11 达到一致位置时,为标准调整值。此时,挑线杆球臂后端与挡圈 8 的间隙应为 4mm。

　　如果松动螺钉 9,摆动挑线杆 1 由于自重会旋转,在调整以后,应确认一下摆动挑线杆的摆动位置(在最低点处为水平)。在操作者一侧移动摆动挑线杆球臂 7,在摆动挑线杆球臂和摆动线杆套筒 10(操作者一侧)不接触的范围内进行调整。

　　④调整摆动挑线杆相位和针线线环的关系,和步骤③相同,松动摆动挑线杆球臂 7 的螺钉 9,调整摆动挑线杆球臂 7 的位置。

　　每次要根据使用的缝线或者缝制条件,对摆动挑线杆 1 的相位作调整。

　　2. 针线导向杆位置的调整

　　针线导向杆位置的调整如图 5-3 所示。

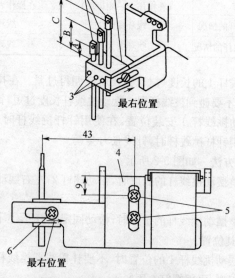

图 5-3　针线导向杆位置的调整

1. 针线导向杆　2. 针线导向器块

3、5、6. 固定螺钉　4. 线导向器

(1)调整标准

①针线导向杆的位置。从针线导向器块 2 的上面到孔下端,以左针 A、中针 B、右针 C 为标准的针线导向杆 1 的高度见表 5-5。

表 5-5　导向杆高度　　　　　　　　　(mm)

项目	左针 A	中针 B	右针 C
标准缝迹	13	16	19
柔软缝迹	15	13	11

②针线导向器块和冷却装置线导向器的位置。固定螺钉 5 的中心到线孔下端的高度达到 9mm,为冷却装置线导向器 4 的标准高度。将针线导向器块 2 在左右方向上靠近长孔的右侧(43mm)。抬升针线导向杆 1,针线张力会放松;而下降针线导向杆 1,针线张力会收紧。抬升冷却装置线导向器 4,针线张力会放松;下降冷却装置线导向器 4,针线张力会收紧。针线导向器块 2 靠左,针线张力会放松。

(2)调整方法

①松动固定螺钉 3,分别调整针线导向杆 1 的高度,然后用固定螺钉 3 固定住。

应将针线导向器块 2 朝长孔的右侧靠拢。为了不对线产生多余的阻力,在调整针线导向杆 1 的高度时,要将线孔安装得与冷却装置线导向器 4 的线孔平行。

②调整针线导向器块的位置。松动固定螺钉 6,调整针线导向器块 2 的左右位置。

③调整冷却装置线导向器的位置。松动固定螺钉 5、6,上下移动冷却装置线导向器,调整其高度。

3. 护线器位置的调整

(1)调整标准　护线器位置的调整如图 5-4 所示。

①针杆挑线杆护线器的位置(标准缝迹情况)。针杆挑线杆护线器 1 的标准高度:当针杆在最低点时,针杆挑线杆 2 的线孔的下端与针杆挑线杆护线器 1 的上端达到一致时的高度。

②摇动挑线杆护线器的位置(柔软缝迹情况、针线不通过针杆挑线

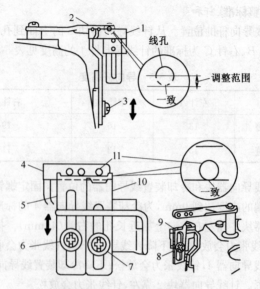

图 5-4　护线器位置的调整

1. 护线器　2. 针杆挑线杆　3. 螺钉　4. 摇动挑线杆
5. 挑线杆护线器　6、7、8. 螺钉　9. 左护针器　10. 右护针器　11. 线孔

杆的情况）。摇动挑线杆护线器 5 的标准高度：当摇动挑线杆 4 在最低点时，摇动挑线杆护线器 5 的上端面与摇动挑线杆的线孔 11 的下端达到一致时的高度。

　　向上抬升针杆挑线杆护线器，由于线环会变大，应边确认线环的状态，边进行调整，通过调整针线的收线会有变化。但过于抬升针杆挑线杆护线器，会对机针造成大的负荷，引起断针，故不要进行过量调整。

（2）调整方法

　　①松动固定螺钉 3，上下移动针杆挑线杆护线器 1，调整其高度。

　　②若护针杆挑线杆护线器 1 在难形成线环的右针处产生特殊效果，可通过螺钉 8 调整左针护针器 9 的高度。

　　③松动固定螺钉 6，上下运转摇动挑线杆护线器 5，调整其高度。

　　④若摇动挑线杆护线器 5 在难形成线环的右针处产生特殊效果，可通过螺钉 7 调整右护针器 10 的高度。

4. 拨线器挑线杆和导向器位置的调整

拨线器挑线杆和导向器位置的调整如图 5-5 所示。

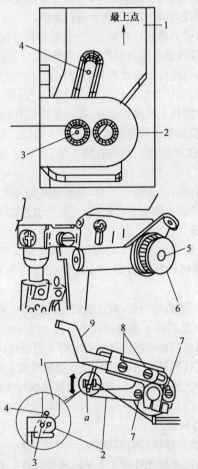

图 5-5 拨线器挑线杆和导向器位置的调整

1. 拨线器挑线杆 2. 拨线器线导向器 3. 线孔 4. 长孔 5. 线张力杆
6. 旋钮 7. 螺钉 8. 摇动挑线杆螺钉 9. 摇动挑线杆

(1)调整标准

①当拨线器挑线杆 1 在最高点时,拨线器线导向器 2 的线孔 3 上

端与拨线器挑线杆 1 的长孔 4 下端达到一致时,为拨线器挑线杆 1 和拨线器线导向器 2 的标准位置关系。

　　根据使用的针线以及缝制条件,当拨线器挑线杆 1 在最上点时,为使针线有适度的张力,可对位置关系进行调整。

　　②拨线器小张力器的标准位置:当线张力杆 5 的前端与旋钮 6 在同一平面时,为拨线器小张力器的标准调整值。

　　如果拨线器挑线杆 1 和拨线器线导向器 2 的位置不准确,会引起跳针等情况的发生。

　　当拨线器挑线杆 1 在最高点时,拨线器线张力会降低,挑线杆上的线张力会放松,拨线器会对线造成损伤,产生跳线。但如果线的张力或放线量过多,不仅在缝迹一侧的收线不紧,而且还会造成机针弯曲或折断。

　　当拨线器挑线杆 1 在最低点时,如果线的张力或放线量太多,当拨线器从左至右移动时,线张力会放松,可能会引起跳线。

　　(2)调整方法

　　①松动拨线器线导向器 2 的螺钉 7,调整拨线器线导向器 2 的位置。由于拨线器挑线杆 1 被固定在摇动挑线杆 9 上,因此不能调整高度。

　　②调整后,用手旋转带轮,确认拨线器挑线杆 1 和拨线器线导向器 2 是否会相碰,以及间隙 a 部是否过小等。

　　③间隙的调整应松动拨线器线导向器 2 的螺钉,调整左右方向,或者松动摇动挑线杆螺钉 8,左右移动拨线器挑线杆 1 进行调整。

　　在松动摇动挑线杆螺钉 8,调整拨线器挑线杆 1 的位置时,不要变更摇动挑线杆 9 的长度。

　　5. 拨线器的调整

　　(1)调整标准　　拨线器的调整如图 5-6 所示。

　　①拨线器的高度应让针板 1 上平面到拨线器 2 下平面之间的距离达到 7.8~8.2mm,即为标准距离。

　　②拨线器的前后位置:当拨线器 2 从左极限位置向右返回勾线部前端 A 并到达左针前面时,与左针的间隙达到 0.1~0.3mm 时为标准位置。

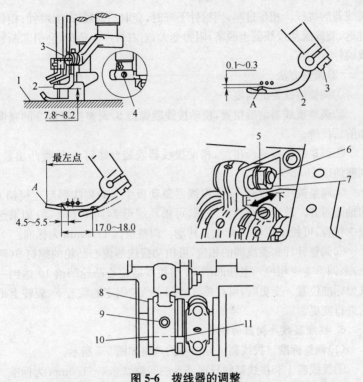

图 5-6　拨线器的调整

1. 针板　2. 拨线器　3. 拨线器螺钉　4. 安装台螺钉　5. 驱动扳手　6. 连接销
7. 螺母　8. 偏心凸轮　9. 螺钉　10. 偏心凸轮凹槽　11. 主轴凹槽

③凸出量：当拨线器 2 在左极限位置时，从最左侧机针的中心到勾线部前端 A 部的距离达到 4.5～5.5mm 时，即为标准凸出量。

④拨线器行程：当勾线部的行程达到 17.0～18.0mm 时，即为标准的拨线器行程。

⑤拨线器的相位：当针杆从最高点下降 1.1mm±0.1mm 时，拨线器 2 到达的左极限位置即为标准位置。

拨线器高度不合适，会产生跳针。要根据针幅调整高度。凸出量不管是多还是少，都会产生跳针。凸出量少，在高低段部分会出现左针勾不住装饰线的情况。行程多，装卸线的张力会混乱；行程少，会产生拨线器的跳线。相位过早,当机针下降时,会取不到线,产生跳针;相位过迟,装卸线从拨线器上脱落,阻力变大,对右针产生负担,会引起断针或跳针。

(2)调整方法

①调整拨线器的高度。

②调整拨线器前后位置,松动拨线器螺钉 3,调整拨线器 2 的高度和前后位置。

③调整拨线器的凸出量,松动拨线器安装台螺钉 4,调整凸出量,调整值以 5mm 为标准。

④调整拨线器行程,应使拨线器驱动扳手 5 的刻线部与连接销 6 的轴心对齐。若想让行程大一点,可松动螺母 7,向下方转动;如果想减少行程,可松动螺母 7,向上方转动。调整值以 17.5mm 为标准。

⑤调整针杆和拨线器的相位,可松动拨线器偏心凸轮的螺钉 9(两个)来调整变更相位。主轴凹槽 11 与拨线器偏心凸轮凹槽 10 达到一致为标准位置。变更时,可在拨线器偏心凸轮固定的状态下,旋转上带轮进行变更。

6. 拨线器线导向器的调整

(1)调整标准　拨线器线导向器的调整如图 5-7 所示。

①拨线器 1 和拨线器线导向器 5 的间隙以 0.4~1.0mm 为标准。

②拨线器线导向器 5 和针夹头线导向器 6 的间隙以 0.8~1.2mm 为标准。

③拨线器线导向器的左右位置:当拨线器 1 在右极限位置时,拨线器线导向器 5 长槽 C 的中心 E 要与拨线器的勾线部前端 D 达到一致。

如果拨线器线导向器的高度不正确便会引起跳针。如果针夹头线导向器的高度不正确,则会引起拨线器上的线跳线。

(2)调整方法

①拨线器 1 的高度应在 7.8~8.2mm。松动拨线器线导向器螺钉 4,将拨线器上面和拨线器线导向器 5 之间的间隙调整到 0.4~1.0mm。

②松动针夹头线导向器螺钉 4,将它与拨线器线导向器 5 的间隙调整到 0.8~1.2mm。

③让拨线器线导向器 5 的长孔延长线与针夹头线导向器 6 的孔

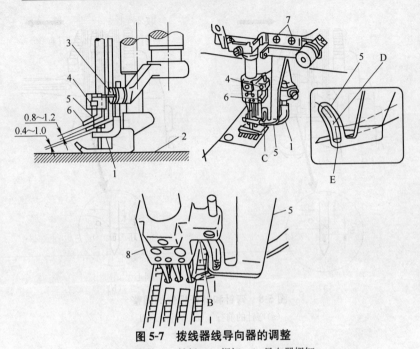

图 5-7　拨线器线导向器的调整
1. 拨线器　2. 针板　3. 螺钉　4. 导向器螺钉
5. 拨线器线导向器　6. 针夹头线导向器　7. 螺钉　8. 针夹头

一致。

　　注意:在调整拨线器线导向器 5 的左侧和针夹头 8 的左右方向时，要确认一下是否会碰到 B 部。

　　7. 弯针和针杆相位的调整

　　(1)调整标准　弯针和针杆相位的调整如图 5-8 所示。针杆从最低点上升，弯针钩通过机针的后方，右针的左平面和弯针钩达到一致时，针杆从最高点下降，弯针钩通过机针的前方，右针的右端面与弯针钩一致时，以尺寸 a 和尺寸 b 相同时为标准。

　　弯针的前行与返回相位差得太大的话，会产生跳针、针线打结等情况。

　　(2)调整方法　相位的调整如图 5-9 所示。

　　①拆下上机罩，松动链轮螺钉 1(4 个)，在保持链轮位置不变的状

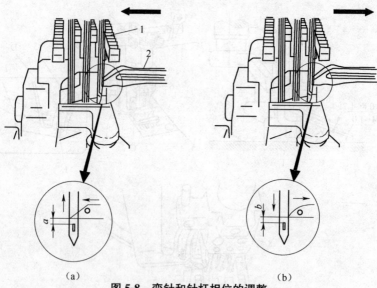

图 5-8 弯针和针杆相位的调整

(a)弯针的前行 (b)弯针的返回

1. 针杆 2. 弯针

态下,旋转上带轮 2,调整机针与弯针的相位。

②当弯针前进时的尺寸 a 比后退时的尺寸 b 小时,由于弯针的相位变迟(机针的相位提早),因此可松动链轮螺钉 1,让上带轮 2 微量反转。

③当弯针前进时的尺寸 a 比后退时的尺寸 b 大时,由于弯针的相位提早(机针的相位变迟),可

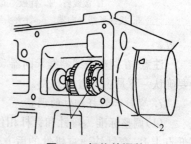

图 5-9 相位的调整

1. 链轮螺钉 2. 上带轮

松动链轮螺钉 1,让上带轮 2 微量正转。不要旋转过头。

④调整后,将链轮螺钉 1(4 个)拧紧。

8. 弯针返回量的调整

(1)调整标准 弯针的返回量及其调整如图 5-10 所示。与针幅无

关的弯针 1 在最右点时,从弯针 1 前端到针杆中心应达到 5.9mm,其他弯针返回量 a,见表 5-6。a 尺寸为从右针中心到弯针前端的尺寸。

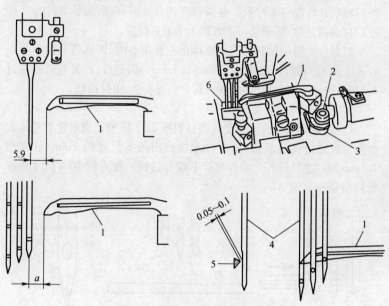

图 5-10　弯针的返回量及其调整

1. 弯针　2. 弯针台螺钉　3. 弯针台　4. 左针　5. 弯针钩　6. 后护针

表 5-6　返回量 a　　　　　　　　　　(mm)

双　　针		3 针	
针幅	返回量 a	针幅	返回量 a
3.2	4.3	—	—
4.0	3.9		
4.8	3.5	—	—
5.6	3.1	5.6	3.1
6.4	2.7	6.4	2.7

返回量大时,针线的线环变大,不易成形,会产生跳针、断线,而且在弯针背部也易发生跳针,还会造成线迹混乱;返回量小时,针线的线

环小,会产生跳针、断线,也会造成线迹混乱。

(2)调整方法　松动弯针台螺钉 2,左右移动弯针台 3 作调整。调整后将弯针台螺钉 2 拧紧。在调整弯针台 3 时,前后旋转弯针台 3 并左右移动调整后,要确认一下弯针 1 的前后位置。

当弯针 1 前端从右极限位置移至左针中心时,调整弯针钩 5 与左针 4 之间的间隙,使之达到 0.05~0.1mm。调整后,拧紧弯针台螺钉 2。当后护针 6 不起作用时,弯针钩 5 会与右针、中针接触。

9. 机针高度的调整

(1)调整标准　机针高度的调整如图 5-11 所示。当弯针前端从右极限位置通过机针后侧,离左针左端凸出的 b 尺寸约 1mm(计算值 1.1mm)时,左针针孔上端和弯针下端部达到一致为标准(b 尺寸标准机针型号是 10S)。

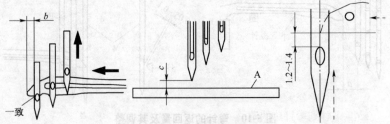

图 5-11　机针高度的调整

左针离针板上平面 A 的高度 c 尺寸见表 5-7。从针孔上端到弯针前端的尺寸达到 1.2~1.4mm 时,为弯针的最佳勾线高度。机针高度不对时,会引起跳针、断针、断线等故障。

表 5-7　左针高度 c　　　　　　　　(mm)

双　针		3 针	
针幅	左针高度 c	针幅	左针高度 c
3.2	9.1	—	
4.0	8.8	—	
4.8	8.3	—	
5.6	7.8	5.6	7.8
6.4	7.5	6.4	7.5

（2）**调整方法**　机针高度的调整如图 5-12 所示。拆下面板上的橡胶塞 4，松动针杆夹头螺钉 3，调整针杆高度。调整好高度后，让机针 1 和针板上的针孔 2 之间的间隙 A 达到均等。用针杆夹头螺钉 3 将其固定住。

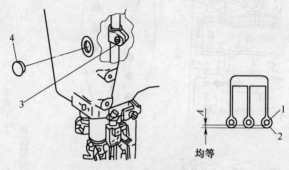

图 5-12　机针高度的调整
1. 机针　2. 针孔　3. 螺钉　4. 橡胶塞

10. 弯针前后运动量和轨迹的调整

（1）**调整标准**　弯针前后运动量和轨迹的调整如图 5-13 所示。

①标准的弯针运行轨迹是当弯针从左极限位置返回时，左针针尖应该能碰触到弯针中央靠下 1/4～1/3 的地方。

②弯针的前后运动相位：弯针前后运动，偏心凸轮 8 的刻线对准下轴凹槽 7 的中央时为凸轮标准位置。当后护针不起作用时，右针与中针轻轻接触，和左针之间有 0.05～0.1mm 的间隙，让弯针前端通过，此为标准的弯针运动轨迹。

弯针前后量少时，机针会碰擦到弯针的背部，引起针尖断裂；弯针前后量大时，机针与弯针背部的间隙会变大，极易在弯针的背部发生跳针。

相位提早时，弯针返回时易发生跳针，不能很好地出空环；相位推迟时，弯针前行时易发生跳针，特别是会扩大和左针的间隙。

（2）**调整方法**　先进行弯针前后运动量的调整：

①拆下机台顶部机罩 1 的螺钉（10 个），取下机罩。

②让弯针驱动臂 5 的刻线 3 对准弯针回避量销 6 的刻线 2，此为标准位置。

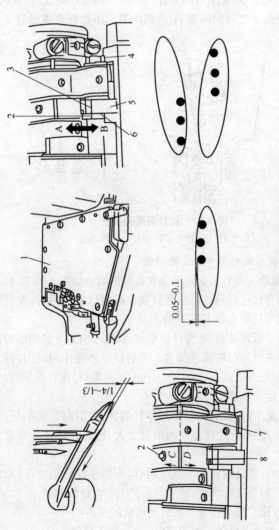

图 5-13　弯针前后运动量和轨迹的调整

1. 机罩　2、3. 刻线　4. 螺母　5. 弯针驱动臂　6. 弯针回避量销
7. 下轴凹槽　8. 偏心凸轮

③弯针前后运动量大时,可松动螺母 4,将弯针回避量销 6 的刻线朝刻线 3(即 B 方向)调整。

④弯针前后运动量小时,可松动螺母 4,将弯针回避量销 6 的刻线背向刻线 3(即 A 方向)调整。

调整弯针的前后运动后,移动弯针,再次调整机针和弯针的前后位置。要根据所使用的机针型号进行调整。

⑤再进行弯针的前后运动相位调整:松动偏心凸轮 8 上螺钉(两个),旋转弯针前后运动偏心凸轮 8,进行调整。朝 C 方向旋转,相位提前;朝 D 方向旋转,相位推迟。

虽然可以变更弯针的运动轨迹,但是不要大幅度地变更其标准位置(在下轴凹槽的槽幅范围内)。另外,变更运动轨迹后,要确认一下左针前端是否碰到弯针的背部。

11. 后护针的调整

(1)调整标准　护针的调整如图 5-14 所示。

①后护针的高度:当弯针 1 前端从右极限位置到达右针中心时,后护针 2 的刻线 A 与右针针尖之间的距离达到 1.5～2mm 时为后护针的标准高度。

②在 B 范围内护针即为后护针 2 的标准左右位置。

③调整后护针的前后位置。当弯针 1 前端从右极限位置到达右针中心时,右针与弯针 1 前端的间隙达到 0～0.05mm。当弯针 1 前端到达中针中心,中针和弯针 1 前端的间隙达到 0～0.05mm 时,机针针尖能轻微碰触后护针,则为后护针的标准的前后位置。

④调整后护针的相位。后护针凸轮螺钉 9(顺时针旋转方向的第 1 个螺钉)和下轴刻印 11 达到一致为标准位置。

后护针 2 和机针的间隙过大时,会产生跳针、弯针钩断裂以及断针。如果后护针 2 和机针相对过盈太大(针尖触及后护针,明显地往操作者方面漂移时),会造成针尖断裂。

(2)调整方法

①拆下螺钉 8,并拆下针尖硅油冷却装置 6 和凸轮罩 7。

②通过螺钉 3 调整后护针 2 的高度,通过螺钉 5 可调节前后位置。调整后,用手旋转确认一下弯针 1 前端是否会碰到机针。

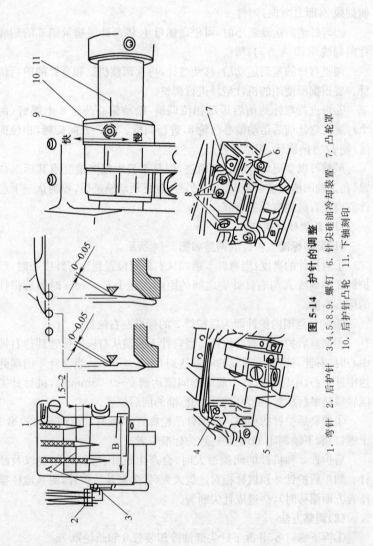

图 5-14 护针的调整

1. 弯针 2. 后护针 3、4、5、8、9. 螺钉 6. 针头硅油冷却装置 7. 凸轮罩
10. 后护针凸轮 11. 下轴刻印

③如果将后护针凸轮 10 按顺时针方向旋转,后护针 2 的相位会提前,反之则推迟。

12. 前护针的调整

(1)调整标准　前护针的调整如图 5-15 所示。

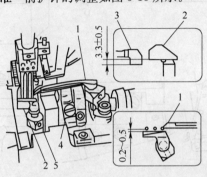

图 5-15　前护针的调整

1. 弯针　2. 前护针　3. 后护针　4、5. 螺钉

①前护针的高度比后护针 3 高出(3.3±0.5)mm 的位置为前护针 2 的标准位置。

②机针与前护针 2 的间隙要达到 0.2~0.5mm。

如果前护针 2 与机针之间的间隙太大,线环会变小,会造成跳针;反之,该间隙太小,线环会变大,会造成跳针、针尖断裂、弯针钩断裂等。

(2)调整方法

①通过螺钉 5 调整前护针 2 的高度,使之比后护针高出(3.3±0.5)mm。如果松动螺钉 5,前护针也会在顺时针方向转动,要在所有的针和前护针平行的位置上将其固定住。

②当弯针 1 从右极限位置向左移动通过各针的里侧时,可通过螺钉 4 的调整使机针和前护针 2 的间隙达到 0.2~0.5mm。根据针线的种类或者粗细,在针线能顺滑通过的范围内,让前护针 2 尽可能地靠近机针。

13. 送料牙的高度、倾斜度的调整

送料牙高度倾斜度的调整如图 5-16 所示。

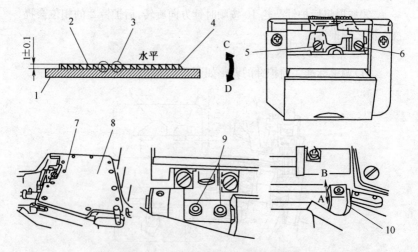

图 5-16 送料牙高度、倾斜度的调整
1. 针板 2. 主送料牙 3. 差动送料牙后端 4. 差动送料牙 5. 主送料牙螺钉
6. 差动送料牙螺钉 7,9. 螺钉 8. 机台顶罩 10. 挡圈

(1)调整标准 送料牙 2、4 在最高点时高出针板 1 上平面(1±0.1)mm 的距离,为送料牙(主送料牙 2、差动送料牙 4)的标准高度。当送料牙 2、4 在最高点时,与针板 1 上平面相互平行,即为送料牙 2、4 的标准倾斜度。送料牙高时,会造成跳针、空环不良、反向送料等故障;送料牙低时,缝制的缝距变小,高、低段部分的跨越性变差;送料牙过低时,弯针会碰到送料牙。针板与送料牙相碰,会造成破损,产生异常声音等故障。送料牙在靠操作者一端倾斜上升,咬料性良好;而送料牙在靠操作者一端倾斜下降,会造成错位、起皱等故障。

(2)调整方法 先进行送料牙高度的调整。

①松动差动送料牙螺钉 6 和主送料牙螺钉 5,调整高度。

②当送料牙 2、4 到达最高点,让针板 1 上平面和主送料牙 2 的后端距离达到(1±0.1)mm 时,将主送料牙螺钉 5 拧紧固定住。

③当主送料牙 2 的前端与差动送料牙后端 3 的高度相同时,将差动送料牙螺钉 6 拧紧固定住。再进行送料牙倾斜度的调整。

④取下机台顶罩 8 的螺钉 7(10 个),拆下机台顶罩。

⑤先松动送料牙倾斜度调节器螺钉9,然后将挡圈10朝A方向旋转,送料牙朝C方向运动,送料牙会在前端上升;或将挡圈10朝B方向旋转,送料牙朝D方向运动,则送料牙会在前端下降,完成调整后再将送料牙倾斜度调节器螺钉9拧紧。调整后,要检查、确认送料牙2、4的高度。

14. 送料牙左右位置的调整

送料牙左右位置的调整如图5-17所示。

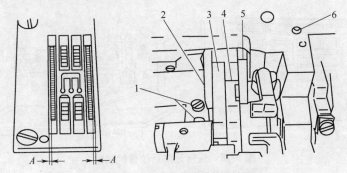

图5-17　送料牙左右位置的调整

1. 左压脚螺钉　2. 左摆动杆压脚　3. 差动送料摆动杆
4. 主送料摆动杆　5. 右摆动杆压脚　6. 螺钉

(1)调整标准　相对于针板的槽,送料牙左右间隙A平行且均等时,即为标准的送料牙左右位置。如果摆动杆的左右位置不准确,会造成针板、送料牙的磨损。如果摆动杆的前后运动方向不准确,会造成发热,产生异声,还会造成送料机构过早磨损或者松动。

(2)调整方法

①松动右摆动杆压脚5和左摆动杆压脚2的螺钉1、6。调整时可在带有针板的前提下进行左右调整。

②如果松动左、右摆动杆压脚的螺钉1、6,可以调整主送料摆动杆4和差动送料摆动杆3的左右方向,即可通过摆动杆3、4使针板和送料牙之间的间隙A达到平行且均等。

③当间隙A变得平行且均等后,再将左、右摆动杆压脚的螺钉1、6拧紧。将左、右摆动杆压脚2、5固定后,要检查、确认一下主送料摆动

杆 4 和差动送料摆动杆 3 前后运动是否顺畅。如果不顺畅,可再次旋松螺钉 1、6,重新进行调整。

15. 送料牙前后位置的调整

(1)调整标准　送料牙前后位置的调整如图 5-18 所示。当送料牙的移动量为 3.6mm(最大)时,主送料牙在最前端的位置上(靠操作者侧),从针板的槽前端平面到主送料牙前端的距离达到(0.6±0.2)mm,即为标准的位置。

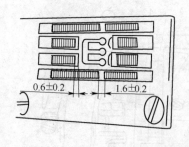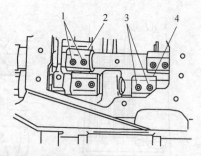

图 5-18　送料牙前后位置的调整
1. 主送料牙扳手螺钉　2. 主送料牙扳手
3. 差动送料牙扳手螺钉　4. 差动送料牙扳手

差动送料牙位置应当主送料牙的位置调整后,差动比调整为 1:1,主送料牙与差动送料牙的间隙达到(1.6±0.2)mm 时,即为标准位置。如果主送料牙扳手 2 的固定位置不正确,会产生异声或者磨损。如果差动送料牙扳手 4 的固定位置不正确,也会产生异声或者磨损。

(2)调整方法

①(送料牙的移动量为 3.6mm 的条件下)拆下机台顶罩。

②主送料牙前后位置的调整应当送料牙在最前端时(操作者一侧),松动主送料牙扳手 2 上的螺钉 1,针板的槽平面与主送料牙前面的间隙达到(0.6±0.2)mm,然后拧紧主送料牙扳手螺钉 1。

③差动送料牙前后位置的调整:松动差动送料牙扳手 4 上的螺钉 3,使差动比达到 1:1,主送料牙和差动送料牙的间隙达到(1.6±0.2)mm,然后拧紧螺钉 3。调整值相差太大,会造成送料牙、针板损坏。

16. 送料关系的调整

(1)调整标准

①送料关系的调整如图 5-19 所示。标准的缝迹长度可在 0.9～3.6mm 进行调整。如果送料调节旋钮 2 朝右旋转，缝迹会变大；向左旋转，则会变小。

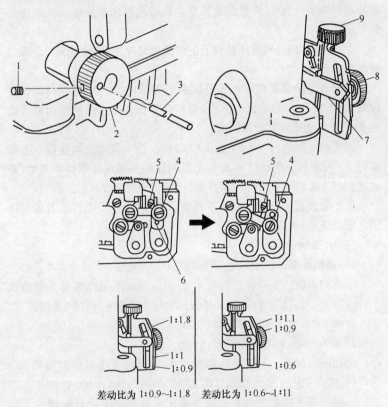

差动比为 1:0.9～1:1.8   差动比为 1:0.6～1:11

图 5-19 送料关系的调整

1. 送料调节定位销螺钉 2. 调节旋钮 3. 销 4. 差动送料连杆螺钉 5. 差动送料连杆 6. 螺钉孔 7. 扳手 8. 差动锁紧螺母 9. 微量差动调节旋钮

②缝迹长度在 2.5mm 以下时，差动比在(1∶0.9)～(1∶1.8)。当缝迹长度在 3.6mm 以上、在标准的送料牙位置时，主送料牙、差动送料

牙、针板之间由于调整会发生碰触,要根据需要对送料牙进行加工。当缝迹长度在 2.5mm 以上,差动比最大时,用手旋转机器确认送料牙和针板不会相碰。另外,在需要缩缝时,可对差动送料牙进行加工。

(2)调整方法

①缝迹长度在 3.6mm 以上时,松动送料调节定位销螺钉 1,向右旋转送料调节旋钮 2,调整缝迹长度。旋转送料调节旋钮 2 时按压住销 3。

②调整好以后,再将送料调节定位销螺钉拧紧,固定住销 3。最大缝距为 4.5mm。

③松开差动锁紧螺母 8,抬升扳手 7,差动比会扩大,缝制的面料会收缩;按下扳手 7,差动比会缩小,面料会伸长。通过微量差动调节旋钮 9,可对差动比进行微量调节。

④差动比率为(1∶0.6)～(1∶1.1)时,拆下差动送料连杆 5 上的螺钉 4。可用拆下的螺钉 4,将差动送料连杆 5 固定在螺钉孔 6 处,差动比由(1∶0.9)～(1∶1.8)调整为(1∶0.6)～(1∶1.1)。

由于缝迹长度差动比的关系调整后,送料牙之间或者送料牙与针板之间会碰触,造成破损。

17. 抬压脚的调整

(1)调整标准　抬压脚的调整如图 5-20 所示。

①压脚高度。下降抬压脚扳手 1,在碰到高度调整螺母 3 的位置上,压脚不会与其他零件相碰的地方即为压脚高度 h,其尺寸如下:

针幅 5.6mm 无上装卸缝时:8mm。

针幅 5.6mm 有上装卸缝时:5mm。

②挡圈的位置。下降抬压脚扳手 1,在碰到扳手高度调整螺母 3 的位置上,让挡圈 8 和压脚轴套筒之间的间隙达到 0.1mm。

③抬压脚连接板的位置。当送料牙从针板处下降且压脚也下降时,抬压脚连接板 4 和高低段螺钉 5 之间的间隙应调整到 0.5mm。并调整针落在压脚落针的中心,然后用压脚夹头螺钉 9 固定住。

压脚如果太高,会碰到拨线器,造成折损、跳针。另外,由于在压脚底面冒出针尖,因此会对面料造成损伤或者造成断针。挡圈 8 的间隙大时,在跨越高低段部位时,压脚会与其他零件相碰造成破损。

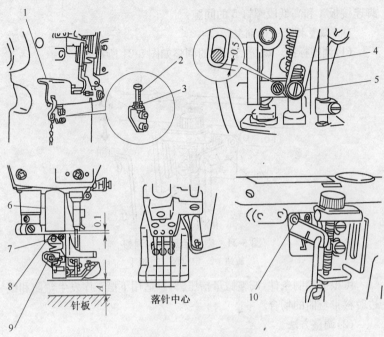

图 5-20 抬压脚的调整

1. 抬压脚扳手 2. 高度调整螺钉 3. 调整螺母 4. 抬压脚连接板 5. 高低段螺钉
6. 压脚轴套筒 7. 挡圈螺钉 8. 挡圈 9. 压脚夹头螺钉 10. 扳手轴螺钉

在更换压脚时,应检查确认一下挡圈 8 以及抬压脚连接板 4 之间的间隙。如果没有间隙,当送料牙从针板上面下降时,压脚不会下降到针板上面,不仅减少了送料力度,还会造成零件的折损。在调整扳手轴时,调整一下抬压脚扳手 1 的高度。

(2)调整方法

①压脚高度的调整。松动调整螺母 3,下降抬压脚扳手 1,调整高度调整螺钉 2,在压脚不碰其他零件的位置上将调整螺母 3 固定住。

②挡圈 8 的调整。松动挡圈螺钉,调整间隙。变更压脚高度,必须要调整挡圈 8 的间隙并确认一下。

③抬压脚连接板的调整。送料牙从针板上面处开始下降,当压脚底面与针板紧密接触时,可通过松动抬压脚扳手轴螺钉 10 来调整抬压

脚连接板 4 和高低段螺钉 5 的间隙。

18. 微量抬压脚的调整

(1)调整标准　微量抬压脚的调整如图 5-21 所示。

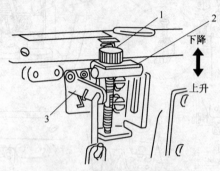

下降

上升

图 5-21　微量抬压脚的调整
1. 旋钮　2. 定位板　3. 扳手

可根据缝制条件,调整微量抬压脚,以适用下摆工序发生弯曲和绲边时料带弯曲的场合。

(2)调整方法

①向左旋转微量抬压脚旋钮 1,微量抬压脚定位板 2 下降,与抬压脚扳手 3 接触,压脚上升。

②向右旋转微量抬压脚旋钮 1,微量抬压脚定位板 2 下降,与抬压脚扳手 3 接触,压脚下降。在不使用微量抬压脚时,可向右侧旋转微量抬压脚旋钮 1,微量抬压脚定位板 2 位于最上方的固定状态下使用。

19. 底线凸轮的调整

(1)调整标准　底线凸轮的调整如图 5-22 所示。

①机针下降,在左针 3 的针尖与弯针 4 的下面达到一致时,要调整弯针线能从底线凸轮 2 的最高处顺利滑出,然后将螺钉 1 拧紧。

②防止底线绕入底线凸轮内,调整防底线卷入板的 A 部前端与底线凸轮 2 的平面之间的间隙达到 0~0.3mm,不要碰到底线凸轮 2。

如果底线凸轮 2 的位置不正确,极易在弯针 4 的背部造成跳针、收线不良。防底线卷入板的爪部(A 部)和底线凸轮 2 平面的间隙要尽可能地调整得小一点才会有效果,但太接近,就会相碰,对底线凸轮 2 造

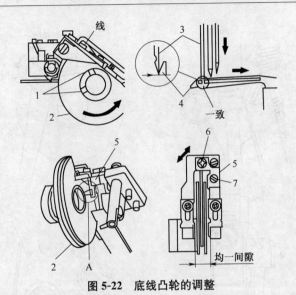

图 5-22　底线凸轮的调整

1. 螺钉　2. 底线凸轮　3. 左针　4. 弯针　5. 防底线卷入板　6、7. 螺钉

成损伤和卷线。

(2)调整方法

①边确认弯针线是否从底线凸轮 2 的外圈脱落,边松动底线凸轮螺钉 1 进行调整。松动底线凸轮螺钉 1,底线凸轮 2 会朝轴方向移动,在凸轮与线导向器之间的间隙达到均等后再安装。

②防止底线卷入底线凸轮的调整。调整防底线卷入板 5A 部前端与底线凸轮 2 平面之间的间隙达到 0～0.3mm 后(防底线卷入板 5 在长孔处以螺钉 7 为中心做旋转运动),再拧紧螺钉 6、7。

20. 针杆行程的变更

(1)调整标准　　针杆行程的变更如图 5-23 所示。偏心销平面的对齐刻度处在靠近上轴中心侧的状态下(出厂调整标准),针杆行程是 31mm。变更为厚料缝制时,使用标准行程。针杆行程扩大,会造成针热、缝制不良;扩大针杆行程时,要下降使用速度,即使长时间使用也能得到很好的结果。

(2)调整方法

拆下面部机罩。松动偏心销螺钉 2,拆下橡胶栓。

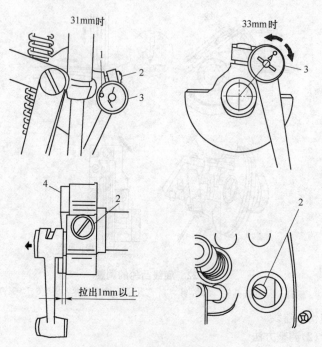

图 5-23　针杆行程的变更

1. 刻度　2. 偏心销螺钉　3. 偏心销　4. 曲柄凸轮

　　将偏心销 3 拉出 1mm 以上，让偏心销 3 做 180°旋转，在偏心销对齐刻度"1"远离上轴心的位置上插入销，然后拧紧偏心销螺钉 2。偏心销对齐刻度的位置：

　　针杆行程为 31mm 时，对齐刻度处在上轴中心侧。

　　针杆行程为 33mm 时，对齐刻度处在远离上轴中心的一侧。

　　让偏心销 3 和曲柄凸轮 4 的嵌合部做 180°旋转，使之嵌入槽内。变更后，在确认是否完全嵌入槽内的同时，还要确认偏心销 3 是否完全嵌入。按压过度的话，会产生异声，或者造成磨损。

　　在变更针杆行程时，旋转数应在最高速度 5500r/min 以下使用。

　　21. 针杆高度和护针的调整

　　针杆高度和护针的调整如图 5-24 所示。变更了针杆行程后，必须要调整针杆的高度。

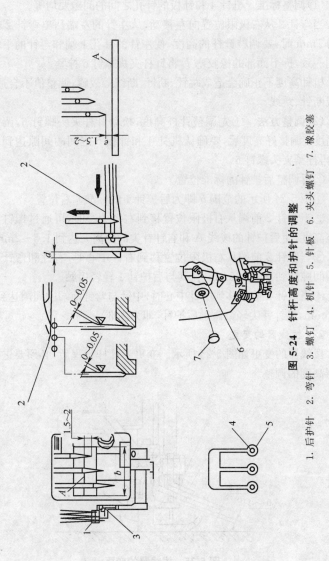

图 5-24　针杆高度和护针的调整

1. 后护针　2. 弯针　3. 螺钉　4. 机针　5. 针板　6. 夹头螺钉　7. 橡胶塞

(1)调整标准　机针 4 和针板的针孔之间的间隙要均等。

当弯针 2 从右极限位置向左移动,从左针的左端凸出弯针 2 前端 d 约 1mm 时,要调整针杆的高度,使左针的针孔上端和弯针的下端部达到一致,拆下面部的橡胶塞 7,将针杆夹头螺钉 6 拧紧。

机针高度不正确会造成跳针、断针、断线等故障;调整值不合适,会造成断针、跳线。

(2)调整方法　①先调整针杆高度,松动针杆夹头螺钉 6,调整针杆高度。调整好高度后,要确认机针 4 和针板 5 之间的间隙达到均等后,再拧紧夹头螺钉 6。

②再调整后护针的标准位置。

①图 5-24 所示的范围 b 即为后护针 1 的标准左右位置。

②当弯针 2 前端从右极限位置移到右针中心时,可通过螺钉 3 来调整高度,使后护针的梭线 A 和右针针尖的距离 e 达到 1.5～2mm。

③当弯针 2 前端从右极限位置移到右针中心时,右针和弯针 2 前端的间隙达到 0～0.05mm,让其与后护针 1 轻轻接触。

④当弯针 2 前端移到中针中心时,中针与弯针前端的间隙达到 0～0.05mm,机针针尖轻微碰触后护针,即为标准。

22. 拨线器的变更

拨线器的变更如图 5-25 所示。变更了针杆行程后,必须要进行拨线器高度的调整。

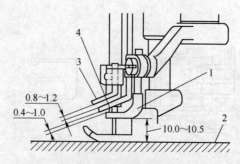

图 5-25　拨线器的变更

1. 拨线器　2. 针板　3. 针夹头线导向器　4. 拨线器线导向器

针板 2 上面拨线器 1 的高度为 10.0～10.5mm。拨线器 1 和拨线器线导向器 4 的间隙为 0.4～1.0mm。拨线器线导向器 4 和针夹头线导向器 3 的间隙为 0.8～1.2mm。

调整方法可参照"拨线器的调整"。

23. 供油关系的调整

(1)调整标准　供油关系的调整如图 5-26 所示。油盘过滤器的更换每 6 个月检查一次。如果油盘过滤器 1 里积有垃圾，就不能正常供油了。在机器运转时，可通过全损耗系统用油循环确认窗来确认全损耗系统用油是否上升。出厂时无全损耗系统用油，在初次使用机器前，必须要注入全损耗系统用油。使用全损耗系统用油型号为 JUKI 全损耗系统用油 18。

添加剂会使全损耗系统用油的质量变坏或者引发机器故障，切勿使用。将指示有"OLL"的供油口橡胶塞取下，将全损耗系统用油注入，机油量在量规的上、下刻线之间。

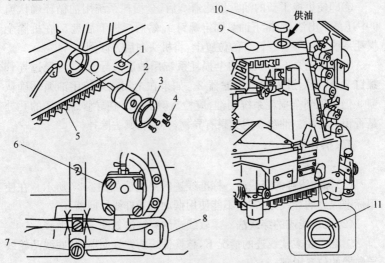

图 5-26　供油关系的调整
1. 油盘固定螺钉　2. 油盘过滤器　3. 橡胶塞　4. 橡胶塞固定螺钉　5. 油盘
6. 齿轮泵　7. 导管螺钉　8. 导管　9. 全损耗系统用油循环确认窗
10. 供油口橡胶塞　11. 量规

(2)使用机器前的检查　检查机油量规,确认在其上下刻线之间是否有全损耗系统用油。如果全损耗系统用油已在刻线以下时,应及时补充。在机器运转时,应确认全损耗系统用油是否从全损耗系统用油循环确认窗的喷嘴处喷出。如果全损耗系统用油不出来,要进行油盘过滤器的检查和更换。

如果机器转速超过 2500r/min,还是无法从全损耗系统用油循环确认窗 9 中确认油量,若一直旋转下去会烧坏机器。

(3)调整方法

①如图 5-26 所示,松动油盘过滤器橡胶塞固定螺钉 4,拆下橡胶塞 3。

②拔出油盘过滤器 2 检查,如果堵塞了,要更换一个新的油盘过滤器 2。更换后再用橡胶塞固定螺钉 4,将油盘过滤器橡胶塞 3 固定住。应注意在拆除油盘过滤器橡胶塞 3 时,有可能会从油盘过滤器 2 中漏油。

③即使更换了新的油盘过滤器 2 后,全损耗系统用油循环确认窗 9 中还是不出油,应拆下油盘固定螺钉 1,然后再拆下油盘 5,在拆除全损耗系统用油导管螺钉 7 的位置上,将机头向后方倾倒。

④从齿轮泵 6 中吸入的全损耗系统用油通过导管 8,再经过导管螺钉 7 处,最后进入油盘过滤器 2。如果在全损耗系统用油循环确认窗 9 仍未见到全损耗系统用油,应检查确认一下在导管螺钉 7 的孔处是否积有污垢。油盘 5 内如果有异物,必须将其去除掉。

二、操作要点

1. 穿线方法

(1)标准线迹的穿线法　标准线迹的穿线法如图 5-27 所示。在使用标准线迹的穿线方法时,不能使用摆动挑线杆线导向器 5。

(2)柔软线迹的穿线法　柔软线迹的穿线法如图 5-28 所示。

①在需要柔软线迹的情况下,替换针线的线导向器,让底线凸轮线导向器的位置滑动。

②针线的线导向器不通过针杆挑线杆 2,线从摆动挑线杆 3 处,通过摆动挑线杆线导向器 1。

其他操作与标准线迹的穿线法相同。在使用柔软线迹时,应使用

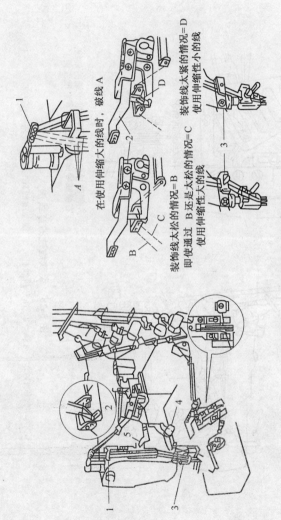

图 5-27 标准线迹的穿线法

1、2、3. 线导向器 4. 拨线器线张力器 5. 摆动挑线杆线导向器

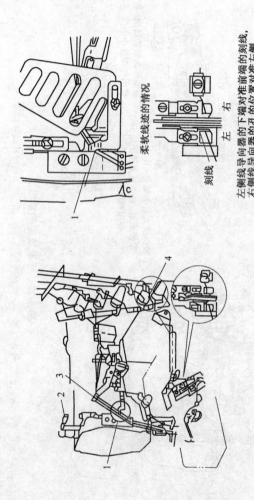

柔软线迹的情况

左侧线导向器的下端对准前端的刻线，
右侧线导向器的位置对准左侧

刻线

左　右

图 5-28　柔软线迹的穿线法

1. 摆动挑线杆线导向器　2. 针杆挑线杆　3. 摆动挑线杆　4. 拨线器线张力器

摆动挑线杆线导向器 1。如果不进行正确的穿线,就会经常发生缝制
不良、断针等故障。

(3)调整方法

①当线过于混乱,得不到稳定的线迹时,按照图 5-29 所示方法穿
线可以得到改善。

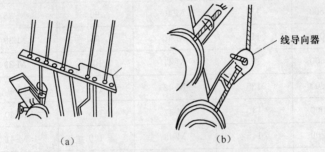

（a）　　　　　　　　　（b）

图 5-29　穿线的改善方法

（a）将线卷入第 1 线导向器　　（b）将线卷入线导向器

②在使用伸缩性较大的线时(羊毛线等),采用如图 5-30 所示的方
法穿线,线就不会伸缩,能取得良好的线迹。也可以采取图 5-28 所示
线不通过拨线器线张力器 4(下弯针用)的方法。

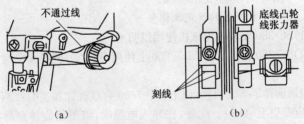

（a）　　　　　　　　　（b）

图 5-30　使用伸缩性较大的线时的穿线法

（a）线不要通过拨线器线张力器(拨线器用)　（b）线不通过底线凸轮线张力器

2. 电动机带轮和传动带

MF-7800 系列电动机带轮与传动带的选用见表 5-8。

②如果不使用适合的电动机带轮,超出了机器的最高转速,会使机
器产生故障。

表 5-8　电动机带轮与传动带的选用

机器的转速/(r/min)	50Hz		60Hz	
	带轮外径/mm	传动带尺寸/inch	带轮外径/mm	传动带尺寸/inch
4500	100	M-39	85	M-38
4800	110	M-40	90	M-38
5000	115	M-40	95	M-39
5500	125	M-41	105	M-39
5800	135	M-42	110	M-40
6000	140	M-42	115	M-40
6200	145	M-43	120	M-41
6500	150	M-43	125	M-41

注:①表中数值为使用三相二极 400W(1/2HP)离合器电动机的数值。

②由于市场上销售的带轮外径是以 5mm 为档,因此应指定接近计算值的市场销售的带轮。

③在使用新的机器时,最初的 200h(约一个月)应在 5000r/min 下使用。从耐久性看,可以得到良好的结果。

3. SC-380 控制器的设定及调整

(1)SC-380 安装　见该机使用说明书。

(2)SC-380 设定　在 MF-7800 上使用 SC-380,就必须要对它进行设定。

如果选择了 MF 机种,由于 MF-7800 有顺时针和逆时针两种旋转方向,应变更至 AH-1。此外,在导入电源时,将带轮旋转到指定位置时会有些危险性(在变更时,应参照 SC-380 的安装说明书)。

可在 MF-7800 上对 SC-380 的设定进行切换,SC-380 操作见表5-9。

(3)SC-380 位置检测器的调整　在 MF-7800 上使用 SC-380 位置检测器时,变更机针的下位置,SC-380 位置检测器的调整如图 5-31 所示。弯针前端 B 在勾住左针线环 A 后,即在停止时的位置上对位置检测器的下位置进行调整。

表 5-9 SC-380 操作

NO.	图 示	操 作
1		程序模式[2]机种选择： ⊽+[C]+[D] 在 3600 下→变更至 AH-1，按[D]2s 以上就返回普通模式（没有装备切线装置时，由于 LED.M 没有旋转，接下来就进行 Z 的 C 模式切线安全开关解除的操作，解除安全开关）
2		解除 C 模式切线安全开关（不使用切线装置时的设定）： ⊽+[C] IAS6→IA NO ⊽+⊽ 返回普通模式
3		*P 模式电源导入时的操作机能： 1 位置设定时通过⊽+⊽ P1P 可 ON-OFF 2 位置设定时通过⊽+⊽ P2P 可 ON-OFF 通过⊽+⊽ 可返回普通模式

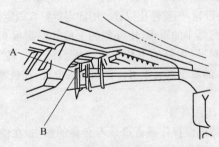

图 5-31 SC-380 位置检测器的调整

（4）调整方法 在机器的安装状态下，SC-380 位置检测器的调整方法如图 5-32 所示。具体步骤为：

①在下带轮处用固定螺钉 5 暂时拧紧检测器 1。

②在检测器 1 的连接线处绕有地线（绿/黄），在机器机头后方的地

线标记处连接有地线;在图 5-32 所示的附属连接线夹头 3 和固定螺钉 4 位置处,将检测器的连接线固定住。

③检测器 1 的插头与 SC-380 控制箱的检测器插座连接。导入电源,机器控制箱在"1"位置(上位置停止),轻踩踏板,在机器运转了 2～3 针后,在停止的位置上切断电源。

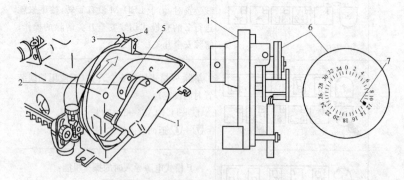

图 5-32　SC-380 位置检测器的调整方法

1. 检测器　2. 接头　3. 连接线夹头　4,5. 固定螺钉
6. 下位置检测板　7. 倒三角印记

为使针杆在上止点处,松动检测器 1 的固定螺钉 5,在固定接头 2 的状态下,旋转上带轮,调整停止位置。用固定螺钉 5 固定住检测器 1。

④拆下检测器 1 的罩子,使外侧的下位置检测板 6 的红色倒三角印记 7 的刻度对准(内侧的下位置检测板)11～12。停止位置调整好后,将检测器 1 的罩子安装上去。再次导入电源,在机器控制器上设定"2"位置。

4. 使用前注意事项

为避免机器的误操作或者造成不必要的损伤,在使用前必须要加油。在第一次使用机器前应将其打扫干净,在运转中应将残留的布屑清除干净。应确认是否是正常的电压设定。应确认电源插头连接是否正确,不要在绝对电压规格异常的情况下使用机器。机器的旋转方向从带侧看应是顺时针方向。应注意不要让它逆时针方向旋转。将机器正确地安装在机台上后,再导入电源运转机器。在最初的一个月时间内,应下降缝制速度,在 5000r/min 以下工作。应确认机器确实停止运转后,再进行上带轮的操作。

5. 安全使用注意事项

①为防止发生人身事故,不得将手指放入已接通电源的机器或者正在运转的机针周围。

②在机器运转时手指、头发以及衣服等不得靠近工作带或者机针下方,且不得在其周围放置物品。

③不得在无工作带罩、针杆挑线杆罩、护指器以及护目罩的情况下操作机器。

④在进行机器的检查及调整、清洁、导线、更换机针时,必须先切断电源,确认电动机停止运转后再进行操作。

⑤为了安全起见,当电源地线裸露在外时,不得起动机器。

⑥为防止触电和损坏电器元件,务必在拔电源插头前先切断电源。

⑦当将机器从寒冷的地方移到温暖的地方时会产生露水,为了防止损坏电器元件,注意不要带水插入电源。

⑧在进行保养、检查、修理作业时,务必切断电源,确认机器以及电动机完全停止运转后再进行操作。因为在使用离合器电动机时,切断电源后由于电动机的惯性还会持续运转一段时间。

三、常见故障及排除方法

①常见故障及排除方法见表 5-10。

表 5-10　常见故障及排除方法

故障现象	故障原因	排　除　方　法
断线	缠在线导向器内、导线不良	参照导线图调整
	针板针孔周围、爪部、压脚的爪部、弯针、拨线器、针线挑线杆、线张力器、线导向器等有伤、毛刺和生锈而产生阻力	去除伤痕、毛边、保持良好的线道。但是如果弯针、针板等重要零件产生变形的话,应更换新的
	机针过强碰到护针造成护针上有压痕,引起断线	更换机针,护针受到摩擦时更换零件
	对于线来说过细	更换合适的机针
	由于缝料的种类、件数、缝制速度等原因造成针热而引发断线	更换细针;下降缝制速度;使用硅油冷却装置

续表 5-10

故障现象	故障原因	排 除 方 法
断线	线的质量不好	更换质量好的线
	线张力过强	降低线张力,针线导向杆过高的话,线的张力就会增强
	弯针的安装高度不好会碰到送料牙、针板	安装在正确的位置上
	针板爪、送料牙、压脚爪、压脚底面有伤(空环不良)	去除伤痕、毛边等
断弯针线	针板爪部、弯针、底线凸轮、线导向器、张力器上有伤、毛刺及生锈而产生阻力	去除伤痕、毛边,保持良好的线道。如果弯针等产生变形,应更换新的
	底线凸轮相位、线导向器的位置不好,要花费过大张力	参照标准调整(底线凸轮调整)
	弯针线张力过高	边观察针线、上装饰线的线张力平衡度,边降线张力
	缝线的质量差	更换质量好的线
	弯针的机针在背中央相碰会引起断线(弯针运作无效)	调整弯针前后运动量,在弯针背中下面约 1/3 的高度处与机针接触较好
	发生针热时,特别是在停止时针会碰到弯针线引起断裂(针过热)	参照由于针热而断线的处理办法
断针	在针板上的落针、压脚上的落针不好碰到机针	调整成正确的落针
	拨线器与机针之间的间隙小	参照拨线器标准调整
	机针与弯针相碰引起断线	调整弯针不要让它相碰,调整前后运动量,不要碰到弯针的背中央
	和护针的相碰很强,或者位置不好,针尖会碰到护针	参照护针标准调整
	针过细	用大一号的机针
	针线张力过高	下降针线张力
	送料牙高度过高或者机针高度过低,在护针时会引起断针	重新调整送料牙高度、机针高度
针尖断裂	护针高度前后位置不好	确认护针高度和机针之间的间隙
	前后运动量不相符和弯针相碰	调整前后运动量,碰到弯针后退时的背中为适当

②跳针(无断线)故障及排除方法见表 5-11。

表 5-11　跳针(无断线)故障及排除方法

故障现象	故障原因	排除方法
弯针勾不住右针线	梭钩形状不好,勾不住线环	更换正规零件
	机针弯曲,安装方向,机针不对	更换新针,校正安装方向。使用 UY128GAS
	没有使用线张力器	使用线张力器
	针线导向杆高度过高	调整适当的高度
	针杆高度过高	调整机针高度
	导线不良	参照导线图调整
	没有使用护线器	使用护线器
	拨线器线张力过高	下降线张力
	机针过热	参照针热而断线的调整
	间隙,返回量不好,碰触量、高度不好	参照调整值调整
弯针勾不住中针线	梭钩形状不好,勾不住线环	更换正规零件
	机针弯曲,安装方向,机针不对	更换新针,校正安装方向。使用 UY128GAS
	正在使用线张力器	不要使用
	针线导向杆	调整到适当的高度
	针杆高度过低	参照调整值调整
	导线不良	参照导线图调整
	正使用护线器	不要使用
	拨线器线张力高	下降线张力
	机针过热	参照针热而断线的调整
	有间隙,返回量不好;碰触,高度不好	参照调整值调整

续表 5-11

故障现象	故障原因	排除方法
弯针勾不住左针线 左　右　　左　右	梭钩形状不好,勾不住线环	更换正规零件
	机针弯曲、安装方向、机针不对	更换新针、调整安装方向。使用 UY128GAS
	正在使用线张力器	不要使用
	针线导向杆高度太低	调整到适当高度
	机针高度太低	参照调整值调整
	导线不良	参照导线图调整
	正在使用护线器	不要使用
	拨线器过于接近左针	参照调整值调整
	机针过热	参照针热而断线的调整
	间隙、返回量、碰触量、高度不好	参照调整值调整

③跳线故障及排除方法见表 5-12。

表 5-12　跳线故障及排除方法

故障现象	故障原因	排除方法
机针勾不住弯针线(三角跳线)中针、左针 中针背中的跳线　弯针线的松弛 左针背中的跳线　弯针线的松弛	弯针腹部形状不好	更换正规零件
	机针弯曲	更换新针
	机针高度过高	参照调整值调整
	导线不良	参照导线图调整
	弯针间隙、返回量不好	参照调整值调整
	弯针线张力太弱	加强线张力
	底线凸轮相位过早	调整底线凸轮相位

续表 5-12

故障现象	故障原因	排除方法
上装饰缝的跳线（右） 右针的上装饰缝跳针 右针 正 →右针 右针没有跨过上装饰线 不良 左中右 右针的上装饰缝跳针 左针、中针同时跳针 正 拨线器没有在右侧 保持住装饰线 不良 空摆	故障梭钩形状不好，勾不住线	更换正规零件
	机针弯曲、机针安装不良、机针不对	更换新针，使用 UY128GAS
	拨线器高度、凸出量、前后位置、行程、相位不好	参照调整值调整
	拨线器线导向器的高度、位置不好	参照调整值调整
	针杆高度太低	参照调整值调整
	导线不良	参照导线图调整
	针夹头线导向器高度、左右位置不好	参照调整值调整
	拨线器线张力太弱	增强线张力
	拨线器挑线杆取线量不良	参照调整值调整
上装饰缝的跳线（中） 中针的上装饰缝跳线 中针勾不住上装饰线 中针　　中针 正　不良 左中右 中针经常会越过上装饰线 中针　　中针 正　不良 左中右	机针弯曲、机针安装不良、机针不对	更换新针，使用 UY128GAS
	拨线器相位高度、凸出量、前后位置、行程、相位不好	参照调整值调整
	机针针杆高度不好	参照调整值调整
	导线不良	参照导线图调整
	拨线器线张力弱	增强线张力
	拨线器挑线杆取线量不好	参照调整值调整
	拨线器线导向器高度位置不好	参照调整值调整

续表 5-12

故障现象	故障原因	排除方法
上装饰缝的跳线(左) 左针在上装饰缝跳线 左针勾不住上装饰线 左针　　　　左针 正　　不良	拨线器梭钩形状不好,勾不住线	更换正规零件
	机针弯曲、机针安装不良、机针不对	更换新针,使用 UY128 GAS,正确安装
	拨线器相位、高度、突出量、前后位置不好	参照有关调整值调整
	拨线器线导向器高度、位置不好	参照有关调整值调整
	针杆高度太低	参照有关调整值调整
	导线不良	参照导线图调整
	拨线器线张力太弱	增强线张力
	拨线器挑线杆取线量不佳	参照取线量标准值调整
单环脱落(左、中、右) 右针单环 中针单环 左针单环 右针脱落 中针脱落	机针弯曲、机针安装不良、机针不对	更换新针,使用 UY128GAS
	机针针杆高度过高	参照调整值调整
	导线不良	参照导线图调整
	针板爪部圆角太小	认真地磨制、扩大圆角
	弯针腹部圆角过大,棱线下垂,易造成针线从弯针处脱落	更换正规零件
	弯针背中和机针的碰触量太少	参照调整值调整
	线张力太弱	增强线张力
	针线导向杆位置过低、针线线环过大	抬升线导向位置
	护线位置过高	参照调整值调整
	使用线张力器	不要使用
	底线取线量过大	减小取线量

续表 5-12

故障现象	故障原因	排除方法
二次勾线(中、左) 右针进入中针线环 中针进入左针线环	针板爪部圆角过大、爪太短	更换正规零件
	针夹断裂、机针弯曲、机针不对	更换新针，使用UY128GAS
	弯针腹部有伤痕、磨的不好	修补或更换不同形状的弯针
	针杆高度太低	参照调整值调整
	导线不良	参照导线图调整
	针线张力弱	增强线张力
	针线导向杆位置极低	抬升线导向位置
	使用线张力器	不要使用
缝制错位(右、中、左)	针板磨的不好	仔细磨一下
	拨线器的行程太大	参照调整值调整
	弯针钩断裂、磨得不好	修补或者更换不同形状的弯针
	上装饰缝挑线杆取线量大	参照调整值调整
	针线张力弱	增强线张力
	导线不良	参照导线图调整
	线张力强	减弱线张力
	底线取线量大	减小取线量
针线系线不良	针板磨的不好,爪太长	修补或者更换零件
	梭钩断裂、机针弯曲、机针不对	更换新针，使用UY128GAS
	弯针钩断裂、磨的不好	修补或者更换零件
	针杆高度太低	参照调整值调整
	导线不良	参照导线图调整
	针线张力弱	增强线张力
	针线导向杆位置极低，或者极高	参照调整值调整
	弯针张力高	减弱线张力
	底线取线量小	加大取线量

续表 5-12

故障现象	故障原因	排除方法
上装饰缝的缝制错位	拨线器梭钩部有伤、脱线不良	修补或者更换不同形状的零件
	拨线器行程大	参照调整值调整
	线导向器槽部有伤、毛边	修补或者更换不同形状的零件
	上装饰缝的取线量太多或太少	参照调整值调整
	导线不良	参照导线图调整
	上装饰缝第一线张力弱	增强线张力
	针线张力弱	增强线张力
	底线取线量大	减小取线量
	压脚爪的形状不好,不易滑线	修补形状或者更换不同形状的零件
收线不良引起面料浮动	针板爪短	使用爪长的针板
	导线不良	参照导线图调整
	针线张力太强	减弱线张力
	弯针张力大	减弱线张力
	底线取线量太小	扩大取线量
空环不良(带上装饰缝)	针板底部磨损,不易滑线	磨一下或者更换其他形状的针板
	导线不良	参照导线图调整
	针线张力弱	增强线张力
	弯针相位不好	参照调整值调整
	拨线器相位不好,上装饰缝跳针	参照调整值调整
	上装饰缝的取线量太大或太小	参照调整值调整
	上装饰缝第一线张力弱	增强线张力
	压脚形状不良,不易滑线	修补形状或者更换
	送料牙上面有伤痕	修补或者更换
	针尖断裂,机针弯曲,型号不对	更换新针,使用 UY128GAS

第六章 绣 花 机

绣花机又称刺绣机,用于刺绣各种服装、针纺织品、鞋帽、皮革等行业中。绣花机类型很多,根据工作原理不同可分为两类:一类是在针杆上附加针杆摆动调节机构进行刺绣;另一类是面料按刺绣要求在台面上前后左右移动,缝针只做上下直线运动完成刺绣。

第一节 绣花机概述

一、绣花机类型

(1)具有摆针调节机构的绣花机 绣花线迹多种多样,可以是梭式也可以用链式,或以其为基础加附加线的形式。GIXX-X 型梭式缝迹绣花机是一种中速、单针、双线梭式线迹,可人工调节针杆摆幅的工业用绣花机。

图 6-1 所示为 GIXX-X 型绣花机机构简图,图中 O 为机头主轴,针机构是由曲柄滑块机构和空间导杆滑块机构 $OABCO_4$ 组成的,这是一个具有两个自由度的空间机构,主动构件是曲柄 OA 和摆针调节机构的摇杆 O_1G。该机比一般缝纫机多了一个空间双滑块机构,其作用是使缝针在缝纫过程中能在所需的范围内摆动,而缝针在触料的过程中停止摆动,所缝出的线迹长度可以随时调整。

缝针固装在构件上,构件在摇杆 O_1G 上滑动。摇杆的运动如图 6-1 所示,轴 O 经传动比 $i=2:1$ 的一对螺旋齿轮 T 传动 O_3 轴,O_3 轴上装有三心凸轮 M,NHG 为从动件。若 O_2 位置固定,此摆动从动件在主轴 O 回转两圈内使针杆摆动一次,摆幅不变。若要调节摆幅,可牵动 KL。摆针调节机构如图 6-2 所示,通过铰链四杆机构 O_6EFO_2 而使 O_2 到达新的位置,当凸轮 M 回转一周时,G 的位置变化,针杆的摆幅也随之变化。

该机采用旋转梭勾线,用两对锥齿轮传动 O_5 轴,使 S 转动如图

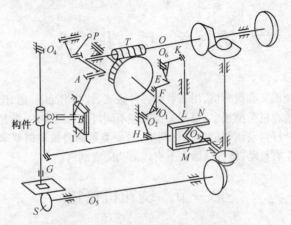

图6-1　GIXX-X型绣花机机构简图

6-1所示。挑线机构采用
四连杆式，如图6-1中所
示的 P 点表示挑线孔。
这些都与一般缝纫机大
同小异，唯独摆针调节机
构是绣花机的特殊机构。

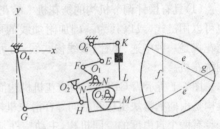

图6-2　摆针调节机构

（2）半自动绣花机

半自动绣花机是把面料
固定在专用的滑架上，让
滑架按图形要求移动。滑架运动的控制方式采用数控法，数控法的指
令执行件可以用穿孔带，也可以用磁带以及电影胶片。图6-3所示是
一种用穿孔带作为指令执行件的半自动绣花机，图中件5为主导机头，
它可连上多个从动机头3同时工作，随着各绣花绷架同步自动运动，完
成同样的绣花图案。

刺绣之前把面料装入绣花绷架2，绷架安装在绣花机全部机头所
共用的送料滑架1上。绣花图案由穿孔带给出，穿孔带按照闭合的曲
线实现运动。把穿孔带放入装在主导机头5后面的图案装置中，手轮
6用以装入或取出半自动装置4。穿孔带决定着带有绷架2的送料滑

图 6-3 半自动绣花机
1. 送料滑架 2. 绷架 3. 从动机头
4. 半自动装置 5. 主导机头 6. 手轮

架 1 位移的大小、方向和顺序。这类缝纫机的特点是由一种产品或图案换成另一种产品或图案时,无须重新调整机构,只更换穿孔带就可以了。

半自动绣花机可以完成带挑花的光面刺绣、透空的光面刺绣、十字刺绣、有阴影花纹的刺绣、带有织物装饰花纹的刺绣、专用绣品、用于女式服装上装饰纽扣的刺绣以及其他类型的刺绣。

(3)计算机绣花机 计算机绣花机或称计算机刺绣机,是一种数控型全自动绣花机。可分为单头、双头和多头计算机绣花机。

二、绣花机技术规格

①单头绣花机 G15 系列技术规格见表 6-1。

②GG600 系列绣花机和 GG70701 系列绣花机为双头绣花机,其技术规格,分别见表6-2 和表 6-3。

表 6-1 单头绣花机 G15 系列技术规格

型号	最高缝速 /(针/min)	最大线迹 宽度/mm	采用机针	附注
G15-1				—
G15-2	1700	0.1~10	16×23 NM75~90 9 号~14 号	
G15-6				2针
G15-7				—

表 6-2 GG600 系列绣花机技术规格

型号	最高缝速/(针/min)	机针数	针数	机头距/mm	刺绣范围/(mm×mm)	采用机针	储存针迹数	储存花样数	用途
GG606	300~750	6	6	400	400×680	14号	24万针	根据花型针数决定	平绣
GG608	300~750	8	6	400	400×680	14号	24万针	根据花型针数决定	平绣
GG610	300~750	10	6	330	330×680	14号	24万针	根据花型针数决定	平绣
GG612	300~750	12	6	300	330×680	14号	24万针	根据花型针数决定	平绣
GG615	300~750	15	6	275	275×680	14号	24万针	根据花型针数决定	平绣
GG618	300~750	18	6	275	275×680	14号	24万针	根据花型针数决定	平绣
GG620	300~750	20	6	275	275×680	14号	24万针	根据花型针数决定	平绣

表 6-3 GG70701 系列绣花机技术规格

型号	最高缝速/(针/min)	机针数	针数	机头距/(mm×mm)	刺绣范围/mm	采用机针	储存针迹数	储存花样数	用途
GG70701-102	300~750	2	1	350	350×420	14号	32000针	9	—
GG70701-602E	300~750	2	6	450	350×420	14号	24万针	99	平绣
GG70701-102	300~750	2	1	300	350×420	14号	32万针	9	平绣
GG70701-102E	300~750	2	1	440	350×420	14号	32万针	9	平绣

③我国已生产出多种计算机多头绣花机或刺绣机。GG750 系列绣花机技术规格见表 6-4。GDD 系列刺绣机技术规格见表 6-5。GG900 系列绣花机技术规格见表 6-6。

表 6-4　GG750 系列绣花机技术规格

型号	最高缝速/(针/min)	机针数	针数	机头距/mm	刺绣范围/(mm×mm)	采用机针	储存针迹数	储存花样数	用途	附注
GG750	800~1 000	6~20	6~9	220~440	—	11 号	24 万~50 万	89	刺绣	自动剪线
GG750-908	800	8	9	400	680×3200	11 号	24 万	89	—	—
GG750-912	800	12	9	400	680×3600	11 号	24 万	99	—	—
GG750-916	800	16	9		680×4400	11 号	24 万	99	—	—
GG750-920	800	20	9	—	680×4800	11 号	24 万	99	—	—
GG750-604	800	4	6	400	680×1600	11 号	24 万	99	—	—
GG750-606A	800	6	6	300	680×1800	11 号	24 万	99	—	—
GG750-606B	800	6	6	400	680×2400	11 号	24 万	99	—	—
GG750-608	800	8	6	400	680×3200	11 号	24 万	99	—	—
GG750-610	800	10	6	300	680×4000	11 号	24 万	99	—	—
GG750-612A	800	12	6	400	680×3600	11 号	24 万	99	—	—
GG750-612B	800	12	6	400	680×4800	11 号	24 万	99	—	—
GG750-615	800	15	6	300	680×4500	11 号	24 万	99	—	—
GG750-616A	800	16	6	875	680×4400	11 号	24 万	99	—	—
GG750-616B	800	16	6	300	680×4800	11 号	24 万	99	—	—
GG750-618	800	18	6	300	680×4960	11 号	24 万	99	—	—
GG750-620	800	20	6	240	680×4800	11 号	24 万	99	—	—
GG750-612	850	12	6	300	680×3600	11 号	24 万	99	—	—
GG750-615	850	15	6	300	680×4500	11 号	50 万	99	—	—
GG750-618	850	18	6	300	680×4950	11 号	50 万	99	—	—
GG750-620	850	20	6	220	680×4800	11 号	50 万	99	—	—

续表 6-4

型号	最高缝速 /(针/min)	机针数	针数	机头距 /mm	刺绣范围 /(mm×mm)	采用机针	储存针迹数	储存花样数	用途	附注
GG750-906	1000	6	6	220	680×3200	11 号	50 万	99	—	—
GG750-912	1000	12	6	200	680×3600	11 号	50 万	99	—	—
GG750-916	1000	16	6	225	670×4400	11 号	50 万	99	—	—
GG750-920	850	20	6	220	680×4800	11 号	50 万	99	—	—

表 6-5　GDD 系列刺绣机技术规格

型号	最高缝速 /(针/min)	机针数	针数	机头距 /mm	刺绣范围 /(mm×mm)	采用机针	储存针迹数	储存花样数	附注
GDD920	200～700	20	9	275	275(550)×680	通用	24 万针	99 个花样	可配自动剪线
GDD920	200～700	20	9	240	240(480)×680	通用	24 万针	99 个花样	可配自动剪线
GDD915	200～700	15	9	330	330(400)×680	通用	24 万针	99 个花样	可配自动剪线
GDD915	200～700	15	9	275	275(400)×680	通用	24 万针	99 个花样	可配自动剪线
GDD912	200～700	12	9	400	400(500)×680	通用	24 万针	99 个花样	可配自动剪线
GDD912	200～700	12	9	330	330(400)×680	通用	24 万针	99 个花样	可配自动剪线
GDD910	200～700	10	9	400	400(500)×680	通用	24 万针	99 个花样	可配自动剪线
GDD620	200～700	20	6	275	275(550)×680	通用	24 万针	99 个花样	可配自动剪线
GDD620	200～700	20	6	240	240(480)×680	通用	24 万针	99 个花样	可配自动剪线
GDD615	200～700	15	6	330	330(400)×680	通用	24 万针	99 个花样	可配自动剪线
GDD615	200～700	15	6	275	275(400)×680	通用	24 万针	99 个花样	可配自动剪线
GDD612	200～700	12	6	400	400(500)×680	通用	24 万针	99 个花样	可配自动剪线
GDD612	200～700	12	6	330	330(400)×680	通用	24 万针	99 个花样	可配自动剪线
GDD610	200～700	10	6	400	400(500)×680	通用	24 万针	99 个花样	可配自动剪线
GDD608	200～700	8	6	400	400×680	通用	24 万针	99 个花样	可配自动剪线

表 6-6　GG900 系列绣花机技术规格

型号	最高缝速 /(针/min)	机针数	针数	机头距 /mm	刺绣范围 /(mm×mm)	采用机针	储存针迹数	储存花样数	用途
GDD908	300～750	8	9	400	400×680	14 号	24 万针	根据花型针数决定	平绣

续表 6-6

型号	最高缝速/(针/min)	机针数	针数	机头距/mm	刺绣范围/(mm×mm)	采用机针	储存针迹数	储存花样数	用途
GDD910	300～750	10	9	300	300×680	14 号	24 万针	根据花型针数决定	平绣
GDD912	300～750	12	9	300	300×680	14 号	24 万针	根据花型针数决定	平绣
GDD915	300～750	15	9	275	275×680	14 号	24 万针	根据花型针数决定	平绣
GDD918	300～750	18	9	275	275×680	14 号	24 万针	根据花型针数决定	平绣
GDD920	300～750	20	9	275	275×680	14 号	24 万针	根据花型针数决定	平绣

第二节　GY4-1 型计算机多头绣花机传动系统

GY4-1 型计算机多头绣花机传动系统如图 6-4 所示,传动路线如图 6-5 所示。主电动机 A 经多楔带传动下轴 I,下轴与上轴 IV 间有传动比为 1 的链传动,主电动机的转速可调,实现上轴以 300～650 针/min 转速转动,点动时为 80 针/min。下轴的末端经传动比为 1 的齿轮副 3、4 传动旋转编码器 E,使其产生一连串对应于下轴转角的脉冲信号,主机控制程序利用此脉冲信号来协调整个绣花机的动作。

由下轴经另一传动比为 1 的链传动链轮 5、6 驱动剪线凸轮轴 II,此时剪线凸轮轴空转,当剪线线圈 9 通电吸合,使滚子嵌入剪线凸轮 7 槽中后,剪线凸轮的转动使连着滚子的杠杆 8 摆动,杠杆另一端的拨叉 10 便同时拉动全部剪线动刀,实现剪线。剪线动作只在缝绣结束或缝绣过程中需要换色时进行,此时,先停车,然后面线保持线圈通电,再剪线,最后拨线线圈通电拨线。剪线完成后,三种线圈分别断电返回,由下轴经传动比为 2 的锥齿轮副 13、14 使旋梭轴 III 旋转,旋梭 15 转动。

固定在上轴上的挑线凸轮 21 经凸轮滚子使摆杆 18 摆动,装在摆杆另一端的扇形齿轮 18 摆动时,使装在挑线杆上的扇形齿轮 19 也随着摆动,构成挑线孔 20 的上下运动。

装在上轴上的曲柄经六杆机构 21、22、23、24、25,使针杆驱动滑块 25 上下移动,此时便可带动 9 根机针 29 中某一根嵌入滑块槽内,针杆连接轴连同针杆一起形成刺料运动。此时,如直动线圈通电铁心外伸,

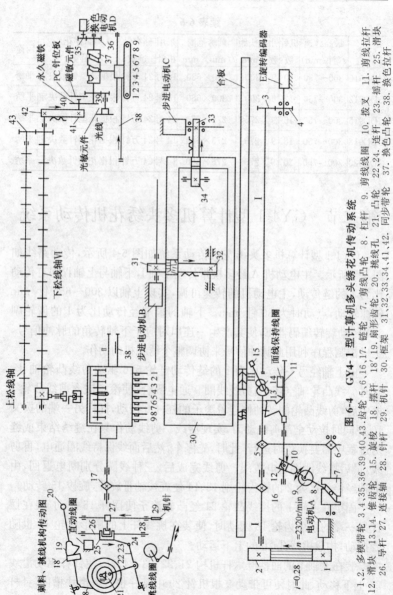

图 6-4　GY4-1 型计算机多头绣花机传动系统

1、2. 多楔带轮　3、4、35、36、39、40、43. 齿轮　5、6、16、17. 链轮　7. 剪线凸轮　8. 杠杆　9. 剪线线圈　10. 拨叉　11. 剪线拉杆
12. 滑块　13、14. 锥齿轮　15. 旋梭　18、19. 摆杆　18′、19′. 挑线孔　20. 挑线杆　21. 凸轮　22、24. 连杆　23. 摇杆　25. 滑块
26. 导杆　27. 连接轴　28. 针杆　29. 机针　30. 框架　31、32、33、34、41、42. 同步带轮　37. 换色凸轮　38. 换色拉杆

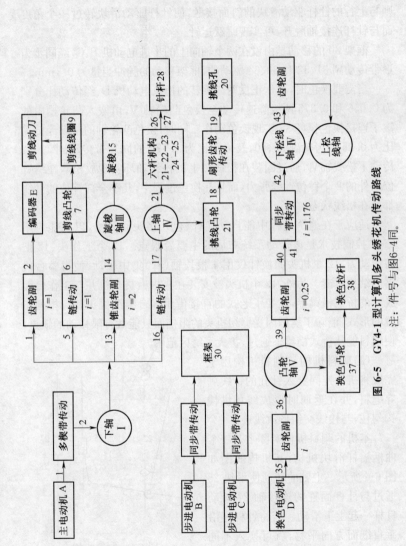

图 6-5　GY4-1 型计算机多头绣花机传动路线

注：件号与图6-4同。

则与上行的针杆驱动滑块的斜面接触，使针杆驱动滑块转过一个角度而与针杆连接轴脱开，可实现跳跃运针。

框架 30 的移动是由设在两个轴向上的步进电动机 B、C，经同步齿形带传动副 31、32 和 33、34 驱动的，框架移动的脉冲当量为 0.1mm。

当需要换色时，可作正反两向旋转的换色电动机 D，经传动比分别为 0.056 和 0.375 两级降速传动至换色凸轮轴 V，由嵌入凸轮槽内的滚子连接换色拉杆 38 实现换色动作。同时，换色凸轮轴的转动经传动比为 0.25 的齿轮副 39、40，及传动比为 1.176 的同步带传动副 41、42 传动下松线轴Ⅵ，通过固装在松线轴上的松线轴环实现放松除在绣针位以外的 8 个针位针线张力，而且在换色过程中，几乎全部针位的针线都处在松线状态。

适应于在缝绣过程中能自动换针（色）、多头同时绣，以及能应用 CNC 控制技术是该传动系统布局的主要着眼点。12 个工作头、12 把剪线动刀，12 个机头的换针仅用 4 根长轴（杆）集中驱动，使得整台机器的结构紧凑。另外，12 个机头被安装在一根横贯全机并与工作台面脱开的桥式横梁上，改变了老式的直接借用多台缝纫机头并行排列布置的形式，消除了绣框因受缝纫机头的阻挡而只能做有限移动的缺点，使缝料能从桥式横梁下通过，扩大了绣区范围。

（1）刺料机构　刺料机构用于完成将机针连同穿入针孔的针线刺穿缝料，并在返回时形成线环供梭钩勾住，与梭线交织形成线迹。

本机的刺料机构实际上是一个曲柄摇杆滑块机构，其机构简图如图 6-6 所示。上轴的转动使滑块 25 通过与针杆固连的连接轴 27 带动针杆一起上下滑动。若将针杆座沿垂直纸面方向平移，就可换入不同针位的连接轴和针杆，实现换色。

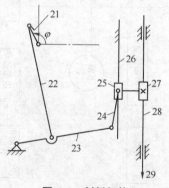

图 6-6　刺料机构

注：件号与图 6-4 同。

由实验知，机针在 $\varphi = 110°$ 时开始刺料。从刺料机构运动曲线上可看出，对应于 $\varphi = 110°$ 处，刚好是位移最快、速度最大的区段,因此,该机构对顺利的刺穿厚料(如皮革等)有利。机针在 $\varphi=172°$(下极点)到 $\varphi=202°$ 间返回时,针线形成线环,由运动曲线可知,这一区段针杆位移速度较缓慢,对梭钩勾住线环有利。由于针杆与上轴作异面垂直配置,不同于典型缝纫机刺料机构的共面垂直配置,因此机构中多了一个摇杆 23 和连杆 24。又由于要实现换针动作,又增加了滑块 25 和连接轴 27 的一个环节。传动环节增多,累积误差也上升,因此针杆 28 的轴向窜动量偏大,成为装配调试中的一个问题。

(2)**挑线机构**　挑线机构是完成输送针线和收回形成线迹后余下线的机构。输送阶段经过各过线部位具有一定张力的针线,通过挑线杆穿线孔和针孔形成线环,并被梭尖勾住后扩大线环;收回阶段把套过梭芯套的针线线环收紧,与梭线一起在缝料上形成线迹。

本机的挑线机构是由机壳、挑线凸轮 21 和摆杆 18 组成的摆动从动件平面槽凸轮机构,其机构简图如图 6-7 所示。

上轴带动挑线凸轮一起转动,使具有滚子的驱动杆摆动。为了实现换针时同步更换挑线杆,驱动杆另一端设为扇形齿轮,当扇形齿轮 18′ 随驱动杆摆动时,使与之啮合的扇形齿轮 19 连同挑线杆一起上下摆动。若将针杆座沿垂直于纸面的方向平移,就可换入

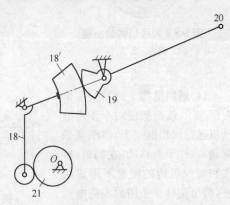

图 6-7　挑线机构
注:件号与图 6-4 同。

对应于不同针位的不同挑线杆。

(3)**勾线机构**　勾线机构的作用是使旋梭尖勾住针线环并使针线绕过梭芯套与梭线交织,在刺料机构与挑线机构运动的配合下,将交织的线结藏在缝料间形成锁式线迹。

被主电动机带动下轴,经传动比为 2 的交错轴斜齿轮副传动旋梭

轴,旋梭固装在旋梭轴上。勾线机构的旋梭如图 6-8 所示,机针指在下轴刻度盘 172°时,处于最低位置,此时针孔可露出旋梭半只或整只。旋梭尖指在下轴刻度盘 195°～198°时,与机针中心重合,此时旋梭尖与机针背面凹槽底的间距为 0.3～0.5mm,如图 6-9 所示。旋梭的调整如图 6-10 所示,两紧圈消除了旋梭轴轴向窜动,旋梭在旋梭轴上可方便地调整轴向和周向位置,以找准与机针的相对关系。

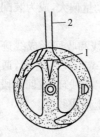

图 6-8　勾线机构的旋梭

1. 旋梭　2. 机针

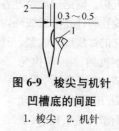

图 6-9　梭尖与机针
凹槽底的间距

1. 梭尖　2. 机针

(4)送料机构　缝料被固定在框架上,该框架由两个步进电动机通过同步框架上,该框架带驱动,可作平面移动,在刺料、挑线和勾线机构的配合下形成线迹,绣出花样。采用的步进电动机每转一周需要 1000 个脉冲,步进电动机每接收到一个脉冲

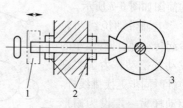

图 6-10　旋梭的调整

1. 旋梭　2. 紧圈　3. 下轴

时,框架的移动量为 0.1mm。框架在下轴刻度盘指向 250°时才开始移动,走过 556 个脉冲后停止。这时,下轴将转到下一周的 110°,历时一转的 200/360。这段时间是处在机针离开缝料到第二次开始刺料的期间,保证了缝绣的正常进行。但是,当机器设定 650 针/min 速度工作时,如遇到大针距,框架的移动速度加快,步进电动机接收脉冲的频率变高。因此,为保证步进电动机不失步和保证缝绣花样不变形,控制系统设置了自动调速功能,即规定了当针距>8mm 时,主电动机自动降到

以 470 针/min 的速度运转;当针距<8mm 时,主电动机又恢复到原设定的转速运行。这样既可使步进电动机实现可靠的传动,又可提高生产效率。

(5)**换色机构**　在缝绣花样的过程中,换色机构利用驱动更换在绣针杆来改变绣线的颜色,该机的每个工作头上设有一根针杆,相邻两根针杆的间距为 15mm。换色电动机可做正反两向转动,经齿轮副传动换色凸轮轴,其转速为 30 转/min。换色用的圆柱槽形凸轮上有约四周长的滚子槽,用以驱动嵌入其中的滚子,带动换色拉杆动作,换色拉杆拉动 12 个工作头同步做正、反两向移动,实现换色。对应于相邻针位,针杆移动的凸轮转动量是 90°,然后是 45°的平段,使每次起动机器缝绣时,滚子都处在凸轮槽的平段中,用以保证换色精度。这样,换动一次相邻针杆的时间为 0.75s,移动速度为 20mm/s,移动较缓慢,可使换色过程平稳。

每次换色时,先停机,再剪线,并理顺和夹持好被剪断的针线和梭线,然后再进行换色运动。这样可使换色后开始缝绣的针位顺利工作,并能保证在换色过程中不使其他针位的针线脱出。

(6)**松线和断线报警机构**　松线和断线报警机构如图 6-11 所示。松线轴转动与换色动作同时发生,换色凸轮正向或逆向转过 135°,完成一次相邻针杆的更换,此时,上、下松线轴也都做了 39.7°的转动,但方向相反。在上、下松线轴上,对应于每根针杆,都安装了松线轴环,共 108 只。松线轴环上的金属凸点与对应于各针杆的接触点板簧接触时,则可对该针位进行断线检

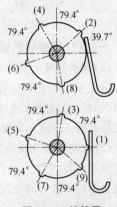

图 6-11　松线及断线报警机构

测,遇到断线时即亮警灯及停车。松线轴环圆柱面上的缺口面可松开对应针位夹线器中的松线钉,使经过这个夹线器的针线具有张力。对应于每个工作头上 9 根针杆的松线轴环可按图 6-11 所示进行布置,图示位置为 1 号针位在工作。此时(1)号松线轴环的金属凸点刚好与对

应于 1 号针的接触点板簧接触,其他 8 个松线轴环的金属凸点都未与任何接触点板簧接触,都不会起报警作用。而(1)号松线轴环上的缺口面也刚好松开对应于 1 号针位夹线器的松线钉,因此,正在工作的 1 号针线具有张力,而其他针位的针线都被松开。

　　该机构的运动由换色机构传入,并采用齿轮和同步带传动,保证了同步性,方便于调整。一个松线轴环同时实现松线和断线报警两种功能,使得结构相当紧凑。但这种结构在使用中往往会由于接触点板簧歪倒而接触不到松线轴环上的金属凸点,产生断线不报警的情况。又由于该机每个工作头上针杆数较多,故每组九只松线轴环在圆周向允许错开的角度不大,对于在绣针位的凸点接触板簧和不在绣针位时凸点与板簧脱离这一要求,就需要提高正、反向的传动精度并增加了调整的难度。

第三节　绣花机的使用和维修

一、机针与旋梭的调整

　　(1)调整标准　机针与旋梭的配合关系。当机针下落到最低点时,机针与旋梭的配合关系应使针孔的一半露出梭架。

　　(2)调整方法　如果发现机针在最低位置(173°),机针针孔的位置不在针杆 6 的位置,应松开针杆连接销和限位器的固定螺钉,再向上或向下移动针杆。调整好后,固定好针杆连接销固定螺钉,再重新调整好上止点限位器的限位位置即可。

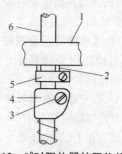

图 6-12　0°时限位器的限位位置
1. 针杆箱　2. 密封圈　3. 针杆连接销固定螺钉　4. 针杆连接销　5. 限位器　6. 针杆

　　机针与梭尖的间隙。在维修和调整机针与梭尖间隙时,主要应保证梭尖在勾线时,机针与梭尖平面间隙在 0.3～0.5mm(图 6-9),当然也应根据缝线、织物、图案的变化而变化。

二、保养

①旋梭的保养。旋梭是刺绣机最重要部件之一,应保持其清洁,每班应用毛刷去掉灰尘和棉线,清擦后注油(每班2~3次)。

②机头、针杆箱的保养。机头、针杆箱是刺绣机最重要的传动部件,是实施挑线、刺料、引线等功能的重要机构,应保持清洁,经常打开针杆箱清理花毛、灰尘并注油。

三、常见故障及排除方法

绣花机常见故障及排除方法见表6-7。

表6-7　常见故障及排除方法

故障现象	故 障 原 因	排 除 方 法
断线	缝线质量低劣	换用高质量的缝线
	使用弯曲的机针	换用新针
	机针长槽或短槽粗糙	换用高质量的机针
	机针安装有误	正确安装机针
	缝线粗	换用大号机针
	面线张力太大	调整面线张力
	机针最低点太高或太低	按标准调整机针高度
	面线张力不稳	清擦夹线装置部件
	机针运动与旋梭转动不同步	按要求调整旋梭与机针的配合关系
	针板导针孔不光滑	将导针孔周边磨光
	旋梭润滑不足	给旋梭注油
线迹分离	梭钩尖太钝	用细油石将其磨光
	使用弯曲的机针	换用新针
	机针号与缝线不符	换用适合缝线的针
	机针安装不当	正确安装机针
	机针最低点太高或太低	按标准调整机针高度
	机针与梭尖的间隙太大	调整机针与旋梭的合理间隙

续表 6-7

故障现象	故 障 原 因	排 除 方 法
断针	机针不直	换新机针
	机针安装不当	正确安装机针
	机针与旋梭碰撞	调整旋梭位置
	机针质量低劣	换用高质量机针
	机针尖太钝	换新针
	机针号不适合缝料或缝线	换用适当号的机针
线迹松动	面线张力太小	调整面线张力
	底线张力太小	调整底线张力
	缝线粗细不均	换用高质量的缝线
	面线张力不稳	清擦面线的夹线器
	机针移动与旋梭转速不同步	按要求调整旋梭与机针的配合关系
	旋梭润滑不足	给旋梭注油

第七章 （兄弟 BAS-340 型）计算机绣花机

第一节 兄弟 BAS-340 型绣花机概述

一、技术规格

BAS-340 型绣花机的结构如图 7-1 所示。

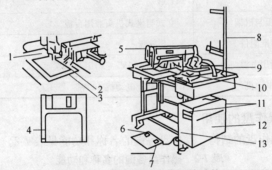

图 7-1 BAS-340 型绣花机的结构

1. 压脚 2. 压料板 3. 送料板 4. 软盘 5. 紧急制动开关
6. 抬压脚开关 7. 起动开关 8. 线架 9. 操纵盘 10. 程序编制机
11. 软盘输入口 12. 控制箱 13. 电源开关

BAS-340 型绣花机技术规格见表 7-1。

表 7-1 BAS-340 型绣花机技术规格

线迹形式	单针锁式线迹			
所用缝纫机	锁式线迹筒式底板绣花机(附摆梭)			
线迹长度/mm	0.1～3.0	3.1～4.4	4.5～6.3	6.4～12.7
最高缝纫转速/(r/min)	1000～2000	750～1500	600～1000	600
送料方式	间歇送料(使用脉冲电动机)			
绣花最大尺寸/mm	X 方向(横向)为 250,Y 方向(纵向)为 150			
刺绣针数	一个花样最高刺绣针数为 4000 针,两个花样根据读入数最高针数为 8000 针			

续表 7-1

压料板提升量/mm	30
双层压料板	可以用双体式压料板
间歇式运动的压料板的提升量/mm	18
试验装置	该装置具有能确认由低速驱动而进行工作的功能
安全装置	该装置具有在作业中途停针的功能，及机器发生故障时利用安全回路使机器自动停止的功能
机器外形尺寸/mm	宽 1200，长 730，高 860（机头入座时）～1130（机头竖直时）
台板与机架	立式与坐式机头兼用台板
标准附件	3.5′软盘
所用电源	单相用 100V，三相用 200V
电动机	三相感应电动机 400W

二、操作盘的使用

（1）**操作盘的结构**　操作盘各键的名称和功能见表 7-2。

表 7-2　操作盘各键的名称和功能

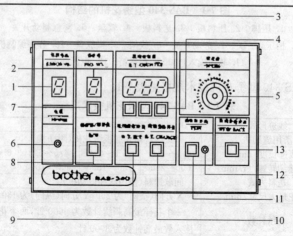

续表 7-2

序号	名　称	功　能
1	错误号码显示窗	能将错误号码的 1～9 和 A 显示出来
2	程序号显示窗	能显示程序号 0～9
3	底线计数器显示窗	能将缝制张数从〈000〉到〈999〉都显示出来,每当分频脉冲方式或一次的线迹花样缝制结束时,显示的底线数量减少,就能了解剩余的底线数量
4	底线计数器开关	在底线计数器中设定缝制张数(缝制产品的块数)时使用
5	缝纫机调速器	在切换缝纫速度时使用(该调速器能按每挡线迹长度设定的相应缝纫速度,分成 10 个档次进行调节)
6	电源指示灯	接通电源开关后立即点亮
7	程序选择开关	从软盘读入程序时,或者向软盘写入程序时,进行程序号的选择
8	程序读/写开关	从软盘读取已储存的程序,或者向软盘写入已编程的线迹花样时使用,能储存(0～9)10 种线迹花样
9	底线定位开关	将已在底线计数器显示窗上显示的缝制张数储存到软盘中时使用
10	底线更换开关	在调换底线之后重新进行缝纫时使用(当底线计数器显示窗中的显示变成〈000〉时,电子声就连续鸣叫。在显示处于〈000〉状态时,缝制作业不能进行)
11	试验用开关	核实已编程的线迹花样时使用
12	试验指示灯	一按下试验用开关,指示灯就点亮
13	反向步进开关	在绕底线(梭芯线)或者因面线断线而补绣(补缝)时使用

(2)软盘的装法　在每片软盘中,若一个花样最多绣 4000 针,那么能够储存 10 个花样的程序。软盘的装拆方法如图 7-3 所示。

①接通电源开关。

②将软盘 2 的标签朝上,插入软盘插入口 4,一直插到听到"咔嚓"一声为止。

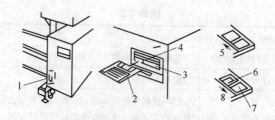

图 7-3　软盘的装拆方法

1. 电源开关　2. 塑料软磁盘　3. 出盘按钮　4. 软盘插入口

5. 能写入　6. 孔已开状态　7. 写入保护开关　8. 不能写入

③要取出软盘,只要按出盘按钮 3,软盘即能自动退出。

若扳下软盘反面的写入保护开关 7,就能防止因不慎而误将程序抹消。如软盘装法不正确,会产生程序读入不良等故障。

在保管或存放软盘时,切勿靠近磁铁、磁钢、收音机、电视机以及其他电器用具、电动机等,否则会使存储的数据消失。同时要注意勿被灰尘、油等弄脏。

(3)生产量计数器的使用　生产量计数器的使用如图 7-4 所示。

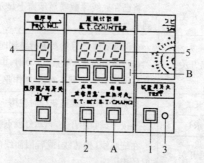

图 7-4　生产量计数器的使用

1. 试验用开关　2. 底线定位开关　3. 试验指示灯　4. 程序号显示窗

5. 底线计数器显示窗　A—底线更换开关　B—程序开关和底线计数器开关

可将程序号和底线计数器的显示窗作四位数的生产量计数器来用。操作步骤如下:

①按试验用开关 1,同时按底线定位开关 2。试验指示灯 3 亮,程

序号显示窗 4 和底线计数器显示窗 5 上显示出生产统计数。

若按下底线更换开关 A,那么生产量计数器就显示〈0000〉。用虚线框 B 内的各开关键,生产量计数器也可在〈0000〉至〈9999〉范围内设定。

②若再按试验用开关 1,试验指示灯 3 就熄灭,各显示窗就恢复原来显示状况。

生产量计数器仅在按上述第①条内容进行操作时显示,而且在显示过程中,不进行缝制工作。

(4)"8000 针模式"的使用　用"8000 针模式"连续读入两个线迹花样的数据,然后根据读入数据,最多能缝制到 8000 针。

①将双列直插开关 B 的"No. 2"(第 2 号),切换到"ON"(接通),变成"8000 针模式"。

②一面按下紧急制动开关,一面按下电动开关,然后放开紧急制动开关。将存储在缝纫机内的线迹花样消除掉(抹掉),因为在线迹花样被存储在缝纫机内的状态下,就不能连续读入。

③应连续读入两个线迹花样的数据。

④一踩下起动开关,就继续缝制最初读入的线迹花样,接着再缝制第 2 号读入的线迹花样。

从最初读入的线迹花样的最后一针到第 2 号读入的线迹花样的开始点之间形成"跳缝"。

(5)"单独分离模式"的使用　若采用"单独分离模式",就可以在一瞬间切换成另一个线迹花样,可一直切换(转换)到第 9 个缝制花样。

①将双列直插开关 B 的"No. 1"(第 1 号)切换到"ON",就变成"单独分离模式"。

②接通电源,并用分离缝读入已编好程序的花样,在程序号显示窗上即显示出"1"。若按下程序选择开关,则程序号显示窗上的显示数就会依次切换。例如,3 个花样用分离缝模式编程时,程序号显示窗上的显示按以下次序切换:

　　　「1」→「2」→「3」→「1」→「2」…

③一踩下起动开关,只有在程序号显示窗上显示出来的花样才能够单独缝制。

当重新从软盘将线迹花样读入到缝纫机时,要一边按下反向步进开关,一边接下程序选择开关(此时与分离缝的花样无关,程序号显示由「1」→「2」一直转换到「9」→「0」)。如果按下程序读/写开关,则已显示出的线迹花样就重新读入。

(6)程序读/写开关的使用　如图 7-5 所示,程序读/写开关既可以将已经存储在软盘中的线迹花样读入缝纫机,又可以将已编好程序的线迹花样写入软盘 1,并装入已经储存线迹花样的软盘。

①在读入程序的场合,按下操纵盘上的程序号开关 2,便在程序号显示窗 3 上显示出程序号码。在任意选择程序号码后,按下程序读/写开关 4,软盘的指示灯 5 就点亮,同时,程序号显示窗 3 显示出"P",可知道正在读入过程中。若电子声鸣叫,软盘的指示灯 5 熄灭,程序号显示窗 3 的显示从"P"变成程序号码,表示程序读入已结束。

②在读入 BAS-311 型和 BAS-326 型用软盘程序的场合(该机能够读入储存在这两个软盘中的线迹花样),按下操纵盘上的程序号开关 2,程序号显示窗 3 上显示出程序号码,

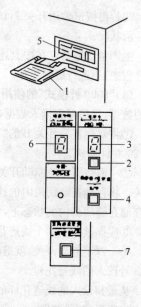

图 7-5　程序读/写开关的使用
1. 软磁盘　2. 程序号开关　3. 程序号显示窗　4. 程序读/写开关　5. 指示灯(软磁盘的)　6. 错误号码显示窗　7. 反向步进开关

任意选择程序号码之后,如果一边按下反向步进开关 7,一边按下程序读/写开关 4,则软盘的指示灯 5 亮,同时,程序号显示窗 3 显示着"P",便知道正在读入过程中。如果电子声鸣叫,软盘的指示灯 5 熄灭,程序号显示窗的显示从"P"变成程序号码,就表示程序的读入已结束。

③在写入程序的场合,按下操纵盘上的程序号开关 2 后,任意选择程序号码。用编程机将线迹花样编成程序后,若按下程序读/写开关

4,则软盘的指示灯 5 就亮,同时,程序号显示窗显示出"P",便知正在写入过程中。若电子声鸣叫,软盘的指示灯 5 熄灭,程序号显示窗 3 的显示从"P"变成程序号码,表示程序的写入已结束。

④当错误号码已显示时,或不能读入、写入程序时,会在操纵盘上的错误号码显示窗 6 中显示错误信息号码,电子声不断地连续鸣叫。按下缝纫机机头前面的紧急制动开关,再根据错误号码显示一览表的说明进行纠正。

(7)反向步进开关的使用

反向步进开关如图 7-6 所示。在缝制作业中发生断线或无底线时,如使用反向步进开关,则压料板会一针一针地朝相反方向移动,退回到原来断线处。具体步骤如下:

①在缝纫机运转时按下紧急制动开关 1,全部动作都停止,并发出电子声鸣叫。

②再次按下紧急制动开关 1。这时剪线刀开始动作,电子声鸣叫声消失。

③按下反向步进开关 2,在按下此开关不松手期间,压料板会一针一针地向相反方向移动。如果一边按下此开关,一边反向步进,踩下起动开关 3,便开始缝纫。

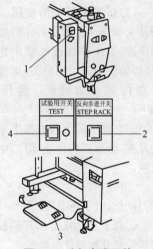

图 7-6　反向步进开关
1. 紧急制动开关　2. 反向步进开关
3. 起动开关　4. 试验用开关

④当压料板移动到某个任意位置时,松开反向步进开关 2,压料板就会停在该位置上,如果压料板停得太早,那么再按下反向步进开关 2,压料板便继续动作。

⑤若踩下起动开关 3,绣花机就开始缝纫。将试验用开关 4 接通,再踩下起动开关 3,压料板就一针一针地前进。此时按下反向步进开关 2,压料板就以 100 针为单位朝前前进。若踩下抬压脚开关,就进行快速送料。

(8)缝纫机调速器的调整　缝纫速度（转速）可分 10 挡，每挡速度均根据针迹距离的大小而设定，缝纫速度与针迹距离见表 7-3，两者有一定相应关系，可利用调速器进行缝纫速度的转换。

表 7-3　缝纫速度与针迹距离

针迹距离/mm	缝纫转速/(r/min)	针迹距离/mm	缝纫转速/(r/min)
0.1～3.0	1000～2000	4.5～6.3	600～1000
3.1～4.4	750～1500	6.4～12.7	600

(9)试验用开关的使用　试验用开关如图 7-7 所示。在缝纫过程的中途，发生断线或底线用光等情况时，如使用试验用开关，即能够从任意位置开始缝纫。操作步骤如下：

①在缝纫机运转时按下紧急制动开关，全部机构停止动作，电子声鸣叫。

②再次按下紧急制动开关，剪线刀动作，电子声消失。

③踩下起动开关 2，压料板自动移到缝纫开始起针位置。

④按下试验用开关 3，试验指示灯 4 亮。

⑤踩下起动开关 2，此时绣花机处于停转状态，只有压料板开始一针一针地低速移动。这时，如踩下抬压脚开关 6，便立即进行快速送料。

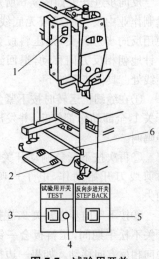

图 7-7　试验用开关
1.紧急制动开关　2.起动开关
3.试验用开关　4.试验指示灯
5.反向步进开关　6.抬压脚开关

⑥在压料板移动到任意位置时，再次按下试验用开关 3，压料板就停止动作，试验指示灯 4 熄灭。如果压料板过早地停止，可再次按下试验用开关 3，使压料板继续移动。想要使压料板做倒退动作时，可按下反向步进开关 5，在按下不放手期间，压料板一针一针地向相反方向

移动。

⑦踩下起动开关 2，即开始缝纫。当试验用开关 3 处于"ON"（接通）的状态下，如按下反向步进开关 5，压料板就以 100 针为单位做一个步进动作向前前进。而踩下抬压脚开关 6，便立即快进送料。

(10)紧急制动开关的使用　紧急制动开关如图 7-8 所示。绣花机在缝制作业或在试验运作中，按下紧急制动开关，绣花机就立刻停止。对各种状态的紧急制动操作，简述如下：

①缝制过程中按下紧急制动开关 1 时，绣花机的全部机构都停止动作，电子声鸣叫。将故障排除后，若再次按下紧急制动开关，剪线刀动作，紧急制动就解除，电子声消失。

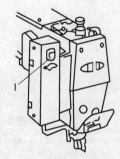

当紧急制动开关正处于"ON"（接通）状态时（此时电子声在连续鸣叫），无论如何踩动踏脚开关，绣花机也不会发生动作。

②在试验运作中若按下紧急制动开关 1 时，绣花机全部动作停止，电子声鸣叫。若再按下紧急制动开关，则紧急制动即被解除。

图 7-8　紧急制动开关
1. 紧急制动开关

③当缝纫机发生异常运转时：在缝制作业中，产生异常负载（超载）或不正常现象时，紧急制动会自动地起作用，绣花机全部动作停止，电子声鸣叫。如果再次按下紧急制动开关，就解除紧急制动。

(11)线迹花样的移动　绣花机能将已编好程序的线迹花样向上下左右平行移动。操作方法如图 7-9 所示。

一面按下试验用开关 1，一面按下程序读/写开关 2。试验指示灯 4 亮后，在底线计数器显示窗上显示出：

1. 按下底线计数器开关 A 就左移一个脉动量（0.1mm）。

2. 一按下底线计数器开关 B，就右移一个脉动量（0.1mm）。

3. 一按下底线定位开关 C，就上移一个脉动量（0.1mm）。

4. 一按下底线更换开关 D，就下移一个脉动量（0.1mm）。

上述微调结束后，如按下试验用开关 1，试验指示灯 4 和底线计数器显示窗 3 显示就消失，线迹花样移动操作就被解除。

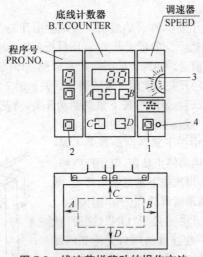

图 7-9　线迹花样移动的操作方法

1. 试验用开关　2. 程序读/写开关　3. 底数计数器显示窗　4. 试验指示灯
A—底数计数器开关　B—底数计数器开关　C—底线定位开关　D—底线更换开关

(12)底线计数器的使用　底线计数器如图 7-10 所示。

①按下底线计数器开关 1,缝制的张数将设定在底线计数器显示窗上。底线计数器能设置 1 张"〈001〉"到 999 张"〈999〉",另外,当设定为"〈000〉"时,就能够与缝料张数无关地进行缝制。

②插入软盘,然后一按下底线定位开关 3,电子声就鸣叫两次。此时,已显示在底线计数器显示窗 2 上的缝纫张数就被储存在软盘内。

③每一次的线迹花样缝制作业一结束,底线计数器显示窗 2 显示的张数就减少。原来设定在底线计数器中的张数缝制完毕时,底线计数器显示窗 2 显示出"〈000〉"同时电子声不断地鸣叫,这时,踩下起动开关,绣花机也不动作。

④按下底线更换开关,即可更换梭芯。电子声停叫,再用步骤②的方法,在底线计数器显示窗 2 上显示出已设定的可缝制张数。

(13)双列直插开关　双列直插开关如图 7-11 所示。

双列直插开关 A、B 的功能分别见表 7-4 和表 7-5,并与图 7-11 中的 A、B 相对应。

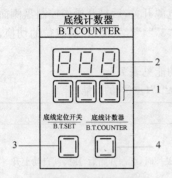

图 7-10 底线计数器

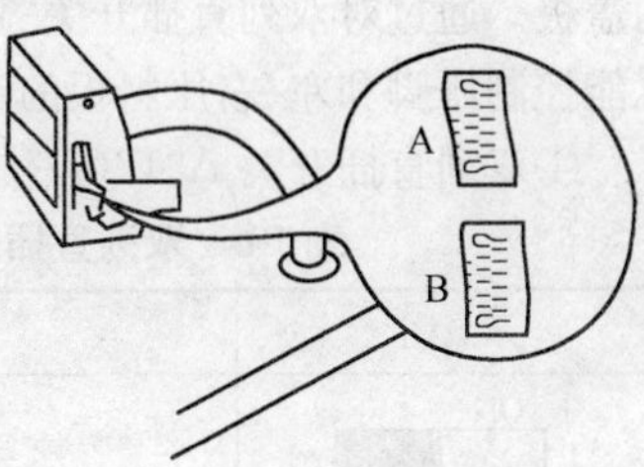

图 7-11 双列直插开关

1. 底线计数器开关　2. 底线计算器显示窗
3. 底线定位开关　4. 底线更换开关

表 7-4 双列直插开关 A

序 号	合到"ON"(通电)一端时
1	缝纫作业结束后压料板(或压脚)没有上升
2	变成从右到左的双层压料板
3	变成从左到右的双层压料板
4	因"2"、"3"、"4"点位已接通,压脚要起动踏板下降
5	"分离模式"动作时,压脚不上升
6	输出反转用输出电力(中压脚反转装置是任选附件)
7	变成利用起动开关而操作的单踏板形式
8	使检测断线装置处于工作状态

表 7-5 双列直插开关 B

序 号	合到"ON"(通电)一端时
1	变成单独分离状态
2	变成用 8000 针/min 模式进行缝制的状态
3	变成在紧急制动时不进行剪线动作的状态
4	发出机针冷却器的输出动力(机针冷却器装置是任选附件)
5	"OFF"(断开)
6	"OFF"
7	"OFF"
8	"OFF"

双列直插开关的转换方法：先关电源开关，后打开操作控制盘侧面的盖板。通过对双列直插开关"1""2""3""4""5""6""7"各点位的切换，就能控制压脚和左、右压料板的动作。

①双列直插开关 A"1"（点位）的功能见表 7-6。

表 7-6 双列直插开关 A"1"（点位）的功能

示意图	功 　能
ON 1 2 3	开关 A 中的"1"关掉时，缝制开始后，压脚就自动上升
ON 1 2 3	开关 A 中的"1"接通时，缝制开始后，再踩下抬压脚开关，压脚才上升

②双列直插开关 A"2""3""4"（点位）的功能见表 7-7。

表 7-7 双列直插开关 A"2""3""4"（点位）的功能

示意图	功 　能
ON 1 2 3 4	合上第一级开关时，右压料板 2 下降（图 7-12） 合上第二级开关时，左压料板 3 和压脚 4 下降
ON 1 2 3 4	合上第一级开关时，左压料板 3 下降 合上第二级开关时，右压料板 2 和压脚 4 下降
ON 1 2 3 4	合上第一级开关时，左、右压料板 3、2 就下降 合上第二级开关时，压脚 4 下降

续表 7-7

示意图	功　能
ON 1 2 3 4	合上第一级开关时,左右压料板 3、2 就下降 合上第二级开关时,各压料板都不动作 合上起动开关时,压脚 4 下降

如图 7-12 所示,一踩下抬压脚开关 1(双级开关),右压料板 2 和左压料板 3 和压脚 4 就会同时抬起,但若要使左、右压料板或压脚下降,就应按表 7-7 中所述的方法处理。

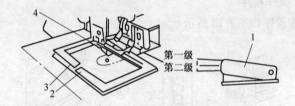

图 7-12　左右压料板和压脚

1. 抬压脚开关　2. 右压料板　3. 左压料板　4. 压脚

③双列直插开关 A"5"(点位)的功能见表 7-8。利用双列直插开关 A"5"(点位)接通或断开的切换,就能变换分离模式动作时压脚的动作或压料板的动作。

表 7-8　双列直插开关 A"5"(点位)的功能

示意图	功　能
ON 1 2 3 4 5 OFF	分离模式动作时,压料板会自动抬起

续表 7-8

示意图	功　　能
ON 1 2 3 4 5 OFF	分离模式动作时,如踩下抬压脚开关,则压料板就会抬起

第二节　兄弟 BAS-340 型绣花机的使用与维修

一、操作程序

操作程序如图 7-13 所示。

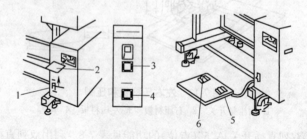

图 7-13　操作程序

1. 电源开关　2. 软盘　3. 程序选择开关
4. 程序读/写开关　5. 起动开关　6. 抬压脚开关

①接通电源开关 1,操作盘电源指示灯亮。

②插入软盘 2。

③按下程序选择开关 3,再任意地选择程序号码。

④按下程序读/写开关 4。在读入程序期间,软盘的指示灯亮,程序号码显示窗显示"P"。当电子声鸣响,指示灯灭,程序号码显示窗的显示从"P"变成程序号码时,读入过程就结束。

⑤将缝料塞入压料板下面,然后踩下抬压脚开关 6,将压料板与压

脚放下压住缝料。

⑥踩下起动开关 5(送料牙回到原点后再移到缝纫起始点)。此动作仅在选择程序最初时刻进行。

⑦若再踩下起动开关 5,缝纫工作就开始。

⑧缝纫工作结束,就自动剪线,随后抬起压脚。

以上作业完毕后,电源开关 1 如关掉后再接通,由于机内已存储着以前进行过的缝纫式样,因此能够重新开始进行同样的缝纫作业。

二、日常保养

①清扫梭子如图 7-14 所示。将梭床罩稍用力朝操作者近身一边拉一下,即可打开,再取出梭芯套。

②将梭床紧固搭扣 1 朝箭头所指方向扳开,然后卸下梭床 3 和摆梭 2。

③清除摆梭托 4 的四周、底线过线板上部和摆梭导滑槽内的垃圾。清扫结束后,应向摆梭导滑槽中滴一点润滑油。

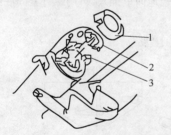

图 7-14　清扫梭子

1. 紧固搭扣　2. 摆梭　3. 梭床　4. 摆梭托

三、使用中的调整

1. 摆梭托护针部位的调整

护针部位的调整如图 7-15 所示。

(1)**调整标准**　当摆梭尖(勾线用的梭尖)转到与机针中心线对正时,摆梭托的护针部位 1 应正好与机针接触。

(2)**调整方法**　用手转动手轮,使摆梭尖与机针中心线对正后停住。旋松紧定螺钉 3。转动偏心轴 4 到摆梭托的护针部位 1 正好与机针接触,但不要对机针压得过紧。

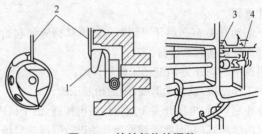

图 7-15　护针部位的调整
1. 摆梭托的护针部位　2. 机针　3. 紧定螺钉　4. 偏心轴

如护针部位对机针压紧力过大,就会引起跳针。反之,如护针部位没有接触机针,而出现间隙,则摆梭摆动时,梭尖往往会碰擦机针,使两者严重磨损。

2. 底线过线板(梭床过线板)的调整

底线过线板的调整如图 7-16 所示。将底线过线板的落针槽中心线对准机针中心,沿着箭头方向轻轻地向里推入,再用螺钉紧固底线过线板。

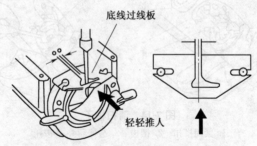

底线过线板

轻轻推入

图 7-16　底线过线板的调整

3. 活动剪线刀位置的调整

活动剪线刀位置的调整如图 7-17 所示。

(1)**调整标准**　当绣花机停在停针位置时,活动剪线刀的 V 形口 4 应该对准针板上的小圆点。

(2)**调整方法**　旋松螺母 3。左右移动下剪线拉杆 2,一直调整到使活动剪线刀的 V 形口 4 对准针板上小圆点。拧紧螺母 3。

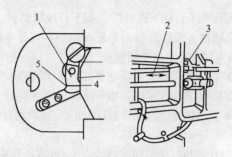

图 7-17　活动剪线刀位置的调整

1. 活动剪线刀　2. 下剪线拉杆　3. 螺母　4. 剪线刀的 V 形口　5. 针板上的小圆点印记

4. 调换活动剪刀与固定剪刀

调换活动剪刀与固定剪刀如图 7-18 所示。

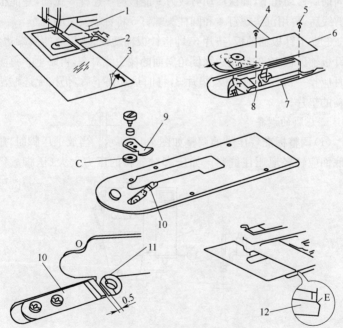

图 7-18　调换活动剪刀与固定剪刀

1. 紧固螺钉　2. 送料板　3. 针板辅助板、垫片　4. 沉头螺钉　5. 圆柱头螺钉
6. 针板　7. 连杆拉杆　8. 剪线连杆　9. 活动剪线刀　10. 固定剪线刀
11. 落针孔板　12. 针板辅助板
C—活动剪刀衬圈　E—倒角

①旋出紧固螺钉 1,拆下送料板 2,揭下针板辅助板、垫片 3。再旋出沉头螺钉 4、圆柱头螺钉 5,拆下针板 6。这时,与针板连在一起的剪线连杆 8 就与连杆拉杆 7 的销轴脱开。

②拆下旧活动剪刀,换装新活动剪线刀 9,再用线试活动剪线刀 9 与固定剪线刀 10 的剪线锋利度。如不锋利,可换不同厚度的活动剪刀衬圈进行调节,直至试出满意的锋利度为止。（随机附有多种厚度的衬圈,有 0.4mm、0.5mm、0.6mm 等）。

③装固定剪线刀时,应使固定剪线刀 10 离落针孔板 11 的直边有 0.5mm 的间隙。

④将剪线连杆 8 装入连杆拉杆 7 的销轴中,安装针板。将剪线连杆 8 装入连杆拉杆 7 的销轴中后,在针板未被螺钉紧固之前,应将针板稍向前后移动几下,确认活动剪线刀 9 能被剪线连杆 8 拉动,并能很好地剪线后,再用沉头螺钉 4 和圆柱头螺钉 5 将针板安装固定。

⑤贴上针板辅助板、垫片 3,即将针板辅助板、垫片 3 的后端边缘,与针板辅助板 12 的后端边缘倒角斜面的棱边线对齐,再贴上。每隔一个月应换一次针板辅助板、垫片 3,将旧垫片揭下后,仍按上述贴法贴上新的垫片。

5. 压脚的调整

（1）调整标准　压脚的调整如图 7-19 所示。当放下压脚时,压脚的底面应轻轻地压住缝料。如压脚对缝料的压力太大（压脚放得太

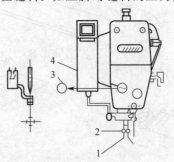

图 7-19　压脚的调整
1. 压脚　2. 紧定螺钉　3. 塞头　4. 夹紧螺钉

低),则缝纫时缝料会偏移;如压力太小,则易跳针。

(2)调整方法

①放下压脚 1,旋松紧定螺钉 2,让压脚 1 的底面轻触缝料,拧紧压脚紧定螺钉 2,固定压脚 1。

②用手转动手轮,看机针下降时是否落在压脚 1 的落针孔中心。如果机针中心线与压脚的落针孔中心不一致,应揭下塞头 3,从此孔中伸入螺钉旋具,旋松压脚杆夹头的夹紧螺钉 4。

③再转动压脚杆,使压脚的落针孔对准机针中心,拧紧夹紧螺钉 4,装上塞头 3。

6. 压脚提升量的调整

(1)调整标准 压脚提升量的调整如图 7-20 所示。提升量 3.5mm,最大提升量为 8mm。

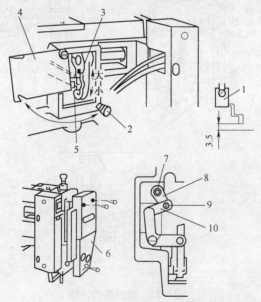

图 7-20 压脚提升量的调整
1. 压脚 2、9. 轴位螺钉 3. 间歇运动压脚连杆 4. 间歇机构罩盖 5. 螺母
6. 面板 7. 螺孔 8. 间歇运动连杆 10. 间歇运动压脚下曲柄

(2)调整方法　旋松轴位螺钉 2,打开间歇机构罩盖 4。旋松螺母 5,调整间歇运动压脚连杆 3 的位置。如将间歇运动连杆 8 向上移,则压脚提升量增大;若向下移,则压脚提升量减小。

当压脚不需要做上下移动时,拆下面板 6,旋下轴位螺钉 9,将间歇运动连杆 8 连同轴位螺钉 9 装到间歇运动压脚下曲柄 10 上端的螺孔 7 中。

7. 拨线器的调整

(1)调整标准　拨线器的调整如图 7-21 所示。拨线杆 4 的标准动作位置。拨线电磁线圈一通电,将线圈铁心棒 1 完全拉上时,拨线杆 4 向前(向操作者所在一方)摆动,越过机针到达机针前方离机针中心线 10mm 处。

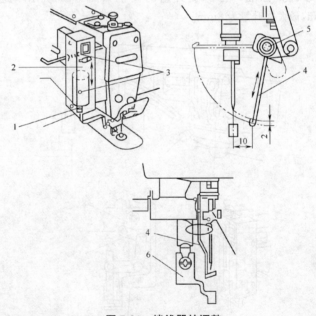

图 7-21　拨线器的调整
1. 线圈铁心棒　2. 电磁线圈固定板　3、5. 紧固螺钉　4. 拨线杆　6. 压脚

(2)调整方法

①旋松紧固螺钉 3,将整个电磁线圈固定板 2 上下移动,进行调

整,一直调到当电磁线圈一通电将线圈铁心棒 1 全部拉上时,拨线杆 4 向前摆动到机针前方的 10mm 处为止,然后拧紧紧固螺钉 3。

②当拨线杆 4 在线圈铁心棒 1 的作用下,往前摆动到机针针尖下方与机针中心线对正时,拨线杆 4 与机针针尖的间隙应保持 2mm。若有误差时,应旋松拨线杆的紧固螺钉 5 后,移一下拨线杆 4 的位置,调整为 2mm 的间隙,拧紧拨线杆的紧固螺钉 5。同时要注意拨线杆 4 不能擦碰机针和压脚 6。

8. 送料牙与机针同步动作的调整

(1)调整标准　送料牙与机针同步的调整如图 7-22 所示。机针针尖离针板上平面的高度为 19mm。

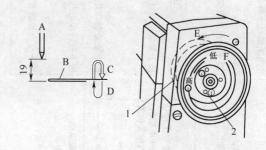

图 7-22　送料牙与机针同步的调整

1. 同步器　2. 反射板

A—机针的最高位置　B—缝料　C—送料牙在动作　D—送料牙停止动作

E—缝纫机主轴的旋转方向　F—停针位置变低　G—停针位置变高

(2)调整方法　可利用反射板 2 调整、修正停针高度。将反射板 2 朝顺时针方向旋转,则停针位置升高;反之,朝逆时针方向旋转,则停针位置降低。送料牙与机针之间的同步动作关系应该是当机针从缝料中抽出后,送料牙立即开始动作;当机针刺入缝料之前,送料牙即停止工作。

可利用同步器进行上述的同步关系调节。

四、绣花机工作流程及操作要点

(1)工作流程　绣花机工作流程如图 7-23 所示。

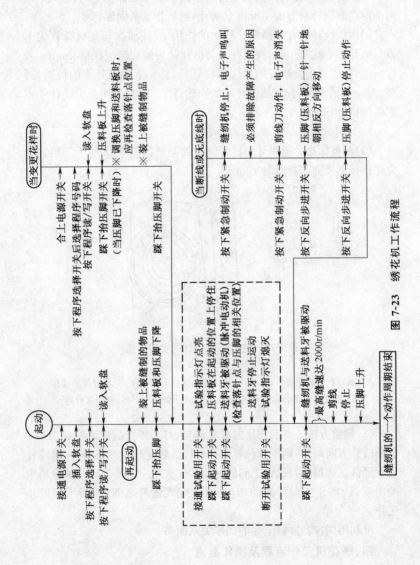

图 7-23　绣花机工作流程

(2)针线的穿法　针线的穿法如图 7-24 所示。使用棉质线时,穿线如图 7-24a 所示。使用化纤线时,穿线如图 7-24b 所示。当把针线穿过顶盖上的过线板时,将线从前向后穿入上孔,再绕到前面,向后穿入下孔。

当穿过断线检测装置时,如图 7-24c 所示,应将线绕 1~2 圈。

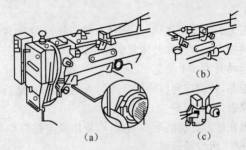

（a）　　　　　　　（c）

图 7-24　针线的穿法

(a)棉质线的穿法　(b)化纤线的穿法　(c)线过断线检测装置

(3)底线的绕法　底线的绕法如图 7-25 所示。

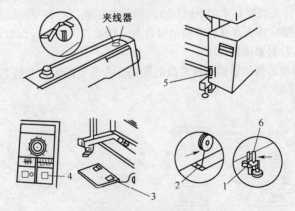

图 7-25　底线的绕法

1. 梭芯满线跳板　2. 剪线器　3. 起动开关
4. 反向步进开关　5. 电源开关　6. 紧定螺钉

①将梭芯插入绕线轴上。

②按图 7-25 所示穿线,将线头按照图中箭头方向在梭芯上绕数圈,然后按下梭芯满线跳板 1。

③接通电源开关 5,操纵盘上的电源指示灯点亮。

④按下操纵盘的反向步进开关 4,并踩下起动开关 3,绣花机就开始运转,立即松开反向步进开关 4,而起动开关要一直踩着直到绕线结束为止。

⑤当梭芯上的绕线量达到一定值(为梭芯外径的 80%～90%)时,梭芯的满线跳板 1 会自动弹开恢复到原位。

⑥脚从起动开关 3 上抬起。

⑦取下梭芯,将线拉向剪线器 2 并勾入割线刀口,然后把梭芯朝图中箭头方向拉去,将线割断。

⑧如果想在梭芯上卷绕更多的线,可旋松紧定螺钉 6,将梭芯满线跳板 1 拉出一些,再拧紧螺钉。

绕梭芯线时如产生一端大一端小,如图 7-26 所示,梭芯线绕线不良的调整可旋松图中夹线器的紧固螺母 1,然后用螺钉旋具旋转夹线螺钉 2 调节,一直调到绕线叠层均匀为止。如果绕出的梭芯线绕成如 A,则要将夹线螺钉 2 朝顺时针方向转动若干圈进行调节;如梭芯线绕成如 B,则应将夹线螺钉 2 朝逆时针方向转动若干圈进行调节,调节到满意时,拧紧紧固螺母 1。

(4)梭芯套的装拆和梭芯线的穿法　梭芯套的装拆和梭芯线的穿法如图 7-27 所示。

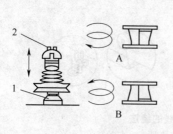

图 7-26　梭芯线绕线不良的调整
1. 紧固螺母　2. 夹线螺钉

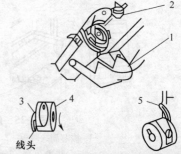

图 7-27　梭芯套的装拆和梭芯线的穿法
1. 梭床罩盖　2. 梭芯套　3. 过线槽
4. 穿线孔　5. 梭柄

①将梭床罩盖 1 朝操作者近身拉一下,即可把梭床罩盖打开。

②扳起梭芯套上的梭门盖,即可取出梭芯套 2。

③将梭芯装入梭芯套(注意梭芯的安装方向),拉出线头时梭芯应按图 7-27 所示弧形箭头所指方向旋转。接着将梭芯的线头穿入梭皮簧底下的过线槽 3 内,并顺着梭皮簧底下从梭皮簧的穿线孔 4 中向外拉出。这时应拉动梭芯线头,检查梭芯是否确实朝图中所示弧形箭头所指的方向旋转。

④将梭芯线穿入梭柄 5 的穿线孔,并把线头拉出 30mm 左右的长度。

(4)缝线张力的调整　缝线张力的调整如图 7-28 所示。

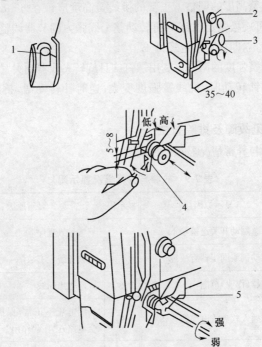

图 7-28　缝线张力的调整

1. 梭皮簧螺钉　2. 上夹线器　3. 下夹线器　4. 紧定螺钉　5. 夹紧螺钉

①底线张力的调整。底线张力大小的标准为将已经穿好线的梭芯套上拉出来的线头捏在手中，把梭芯套垂下吊在空中，梭芯套能在自重的作用下慢慢地（速度不宜快）往下滑动。如果达不到标准时，可利用螺钉旋具转动梭皮簧螺钉 1 进行调节，将梭皮簧螺钉 1 顺时针旋转时，底线张力增强；逆时针转时，底线张力即变小。

②面线张力的调整。缝线张力要根据缝制品的性质要求进行适当的调整。面线张力要与底线张力协调，面线张力可通过旋转夹线螺母进行调节。为了在自动剪线时能使针线拉出机针孔的线头长度始终保持为 35～40mm，应将夹线螺母做适当调整，使夹线板对针线产生适当的压力。

③挑线簧高度的调整。正常的挑线簧高度应该在 6～8mm，超越此范围时，可旋松紧定螺钉 4，再转动整个线张力调节器调整。当达到正常要求后，立即拧紧紧定螺钉 4。

④挑线簧强度的调整。利用螺钉旋具旋转夹线器的夹紧螺钉 5 来进行。顺时针转动时，挑线簧强度变大；逆时针转动时，挑线簧强度变小。

五、常见故障及排除方法

①故障与异常情况显示码见表 7-9。

表 7-9　故障与异常情况显示码

显示码	显示原因	显示码	显示原因
1	紧急制动开关已被按下	6	未编入程序
2	电动机或同步器有故障	7	软盘装置有故障
3	超越（作业）范围	8	已查出断线
4	未插入软盘或电缆线接错	9	因电压不正常，保护电路（安全电路）已在起作用
5	软盘中没有进行写入保护	A	未读入有效的缝制数据

②计算机绣花机常见故障及排除方法见表 7-10。

表 7-10　计算机绣花机常见故障及排除方法

故障现象	故障原因	排除方法
断线	底面线张力太大	合理调节压线板与梭皮的张力即可
	机针孔有割裂	调换新机针
	机针的粗细与绣花线不配	根据绣花线的粗细选择机针的粗细型号
	旋梭钩尖发毛	抛光旋梭钩尖或换旋梭
	面线不润滑	应用硅油润滑处理
	梭子发毛使线受阻	用砂布拉光或抛光发毛处
	挑线杆孔发毛	用砂布拉光
	三眼线钩孔发毛	用砂布拉光
	针板孔发毛	用砂布拉光
	夹线板、夹线螺钉发毛	用砂布拉光
	定位钩发毛	用砂布拉光
	定位钩与梭架缺口间隙不合理	调节其间隙
	面线松紧器夹线失灵	清除松紧器中的垃圾
	机针槽方向不正	调节机针槽方向使机针长槽对准操作者
断针	机针弯曲、针尖毛、直针螺钉松	调换机针、旋紧螺钉
	旋梭与机针配合不当	调节旋梭位置
	夹线板压力过紧	旋紧夹线板螺母
	绣花压脚孔与机针没有对准	调节压脚孔与机针对准
	机针出料面信号不准	调节机针出料面高低位置
	机头的机针不同步	调节好机头的机针同时进出料面
	机针质量低劣	换用高质量机针
	机针针尖不锐利,弯曲发毛	调换机针
	机针和旋梭尖嘴定位不准	重新调节旋梭的相对位置

续表 7-10

故障现象	故障原因	排除方法
跳针	旋梭尖嘴变钝或稍有缺损	修磨梭尖头并抛光
	绣花绷面太松	绷紧绣花面料
	绣花压脚弹簧压力不够或有损坏	调换绣花压脚弹簧
	绣花线的粗细与机针不配	根据绣花线的粗细选择机针的粗细型号
线迹分离	梭钩尖太钝	用油石将其磨光
	使用针弯	换用新针
	机针号与缝线不符	换用适合缝线的针
	机针安装不当	正确安装机针
	机针最低点太高或太低	按标准调整机针高度
	机针与梭尖的间隙太大	调整机针与旋梭的合理间隙
线迹松动	面线张力太小	调整面线张力
	底线张力太小	调整底线张力
	缝线粗细不均	换用高质量缝线
	面线张力不稳	清擦面线的夹线器
	机针移动与旋梭旋转不同步	按要求调整旋梭与机针的配合关系
	旋梭润滑不足	给旋梭注油

③计算机绣花机电气部分常见故障及排除方法见表 7-11。

表 7-11　计算机绣花机电气部分常见故障及排除方法

故障现象		故障原因	排除方法
开机不工作	LCD 无显示	电源故障	检修输入电源线
		电缆故障	检修或重插电缆
		DISK 板故障	更换 DISK 板
		LCD 故障	更换 LCD 显示块

续表 7-11

故障现象		故障原因	排除方法
开机不工作	LCD 显示 E61	DISK 板与软驱连线故障	检修或重插电缆开机
		软盘坏	更换新软盘
		驱动器坏	更换驱动器
		DISK 板故障	更换 DISK 板
	LED 无显示	电缆故障	检修或重插电缆
	按键不响应	串行通信错	更换 Main 板
	LCD 显示 D01	硬件故障	更换 DISK 板
主轴系统故障	过 5s 显示 316	380V 相线故障	检修控制箱及电网电源线
		接插件松动	检修电缆线
		A5 板坏	更换 A5 板
		主轴电动机坏	更换主轴电动机
	主轴反转后出现 316	主轴 380V 相线倒相	将主轴电动机输入电源线倒相
	拉杆后机器无反应	拉杆箱故障	检修电缆或更换开关
		Main 板故障	更换 Main 板
	飞车	编码器故障	检修编码器电缆,更换编码器
		A5 板坏	更换 A5 板
		刹车励磁电缆故障	检修该电缆
	停车不到位	主轴电动机传动带过松或编码器故障	调整传动带松紧,检修编码器及其电缆
		机械故障	检修机械部分
	刹不住车	A5 板坏	更换 A5 板
		无拉杆信号	检修或更换相关部件

续表 7-11

故障现象		故障原因	排除方法
跑花（花样走位或变形）		内存故障	删除该花样，重新输入
		刺绣中突然掉电	找回起绣点，高速空走到断点处断续刺绣
		电网干扰	找到干扰源，排除干扰
		步进电动机故障	缺相，检查步进电动机连线
			步进电动机输出力矩不足，检查 AC100V 是否不足
			检查同步带是否松紧合适
			检查从步进电动机到绣框间紧固件是否松动
		编码器故障	如果由于偶然的高速而跑花，应检修编码器电缆或编码器本身
		A5 板故障	如果有时短时间的失控，应检修 A5 板
换色控制系统故障	不能换色	停车位置不在 100°	手摇主轴到 100°或点动到 100°
		A6 板两个红灯不亮	手摇到两个灯全亮
		电缆和接插件故障	检修电缆和接插件
		A6 板故障	更换 A6 板
		A4 板故障	更换 A4 板
		I/O 板故障	更换 I/O 板

续表 7-11

故障现象		故障原因	排除方法
换色控制系统故障	不能换色	换色电动机坏	更换换色电动机
		主板 DIP 开关设置不对	设置到正确的针数
	换色电动机转动异常	电缆及接插件故障	检修电缆及接插件
		A4 板坏	更换 A4 板
		A6 板坏	更换 A6 板
		I/O 板坏	更换 I/O 板
		电动机坏	更换电动机
不能移动绣框		停车位置不在 100°	手摇主轴到 100°或点动到 100°
		换色不到位	手动换色机构直到 A6 板的两个红灯亮
		绣框限位	反向移动绣框
		主板故障	更换主板
		限位开关常闭	更换限位开关
		步进电动机坏	更换步进电动机
		电缆故障	检修电缆
		驱动电源故障	检修或更换驱动电源
系统死机		Main 板与 I/O 板间电缆连接	检修该电缆或更换该电缆故障
		外界干扰	关电,重开机
		Main 板坏	更换该板
		I/O 板坏	更换 I/O 板
		DISK 板坏	更换 DISK 板
		Main 板与 DISK 板通信不良	检修该通信电缆

续表 7-11

故障现象		故障原因	排除方法
断线检测控制系统故障	断线不检测	挑线簧与铜柱导电不良	清除异物、锈斑
		挑线簧太松不能与铜柱接触	调整挑线簧
		电缆接插件故障	检修相关电缆
		A8 板坏	更换 A8 板
		A7 板坏	更换 A7 板
		I/O 板坏	更换 I/O 板
	断线误检测	开机,所有头没有断线而检测	A7 板坏,更换
		挑线簧过紧	调整挑线簧
		电缆接插件故障	更换 A8 板
		I/O 板坏	更换 I/O 板

第八章　月牙机、抽褶机和珠边机

第一节　月　牙　机

一、技术规格

月牙机能够在各种服装和服饰品的边缘缝制出等距或不等距的月牙状图案和花纹。月牙机常用于衣领边、袖边、女内衣、睡衣、背心、童装的曲牙绲边以及床单、枕套、手帕、毛巾、围巾的饰边缝制。

①曲折缝缝纫机与月牙机技术规格见表 8-1。

表 8-1　曲折缝缝纫机与月牙机技术规格

型号(国名)／生产厂／项目	GK10-6A、GK10-6B（中国）陕西缝纫机厂	GI4-1（中国）陕西缝纫机厂	GI1-2（中国）广州缝纫机厂	LZ-1287（日本）东京重机	ZI1-633（日本）	MAGIC 438-716（德国）PFAFF
机器速度/(r/min)	4000	1000	2500	5000	2000	5500
最大线迹长度/mm	1.8～3.3	3.7	4.5	2	5	2.5
针杆摆动振幅/mm	3.5	5(可变)	5	3	1～7	3～6
压脚升距/mm	4	6	6	5.5,10	6,9	7
机针型号	9 号～16 号	96 号	96 号	SG×1906	DP×58	438A
线数	5(三针),2	2	2	2	2 或多线	2
线迹类型(ISO)	406/401,401	304	304	304	304	304
电动机功率/W	370	550	370	370（0.5hp）	185 或 245（1/4hp 或 1/3hp）	550
说明	每 4 针成一曲牙，GK10-6A 型左边为双针三线绷缝，右边为双线链式线迹，有差动式针距调节机构，可缝制弹性较大的织物	手帕用曲牙机，每 13 针成一个牙		每 4 针成一个月牙，针杆摆动方向可变，可缝等幅月牙，也可缝变幅月牙	可用于提包、鞋、手套的装饰	

②FCG14 型月牙机技术规格见表 8-2。

表 8-2　FCG14 型月牙机技术规格

型　　号	FCC14-1	FCG14-2
缝纫机主轴转速/(r/min)	1400～1.500	1460～1500
每一曲牙针数	26	31
刀距/mm	14～16	20～30
曲牙长度/mm	14～16	20～30
曲牙宽度/mm	5	5
针板左右往复行程/mm	5～6	6～7
拖板最大行程/mm	7 左右	7 左右
缝针型号	96 种 14 号	96 种 14 号
缝线规格:面线	72.88dtex×3(80 英支/3)	72.88dtex×3(80 英支/3)
底线	97.18dtex×3(60 英支/3)	97.18dtex×3(60 英支/3)
嵌线	277.7dtex×3(21 英支/3)	277.7dtex×3(21 英支/3)
电动机功率/W	250～300	250～300

二、月牙机结构原理

月牙机机头的结构如图 8-1 所示,其机构传动路线如图 8-2 所示。

月牙机的主要机构除了针杆摆动机构、针板移动机构、切刀机构以外,其他机构(穿针机构、挑线机构、梭传动机构)与平缝机的机构基本相同。

(1)针杆摆动机构与旋梭机构　图 8-3 所示是月牙机的针杆摆动机构和旋梭机构。O 为主轴,通过同步齿形带减速一半传动上轴 1 转动,又经一对圆弧齿圆锥齿轮使凸轮轴 2 再减速一半回转,即每刺两针针杆完成一个往复。凸轮的从动件角形杆 3 经连杆 4 使穿在摆杆 5 滑槽中的针杆 6 随摆杆 5 一起摆动,摆动动程的大小可通过松开铰链 A 变更 AB 的长度来调节。缝针的刺料往复运动是由常见的曲柄滑块机构完成的,图 8-3 中省略了该结构。旋梭 9 的位置与一般机器不同,其轴线不与主轴平行,而是由一对交错轴斜齿轮 7 与 8 传动,旋梭的轴线与主轴 O 垂直,以便让出位置使针板往复运动。

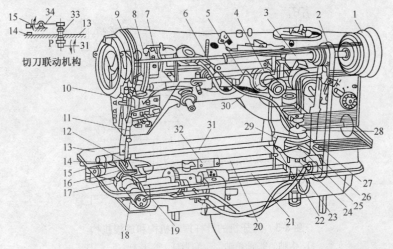

图 8-1　月牙机机头的结构

1. 带轮　2. 同步带　3. 上轴　4. 针杆摆动凸轮　5. 针杆摆动角形杆　6. 针杆摆动连杆轴　7. 针杆曲柄平衡块　8. 针杆曲柄机构　9. 针杆曲柄连杆　10. 摆动杆　11. 针杆　12. 切刀联动机构　13. 台面　14. 月牙切刀固定刀　15. 月牙切刀活动刀　16. 针板　17. 旋梭　18、19. 锥齿轮　20. 针板移动连杆轴　21. 主轴　22. 针板移动角形杆　23. 针板移动齿轮箱　24. 复合凸轮轴　25. 针板移动凸轮滚子　26. 切刀凸轮滚子　27. 抬刀三角　28. 复合凸轮　29. 切刀角形杆　30. 凸轮轴　31. 切刀连杆轴　32. 针板移动量调节轴　33. 滑杆　34. 杠杆

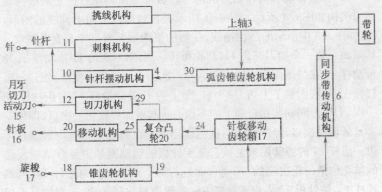

图 8-2　月牙机构传动路线

注:件号同图 8-1.

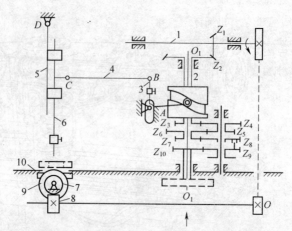

图 8-3　月牙机的针杆摆动机构和旋梭机构

1. 上轴　2. 凸轮轴　3. 角形杆　4. 连杆　5. 摆杆
6. 针杆　7、8. 交错轴斜齿轮　9. 旋梭　10. 台面　O—主轴

　　每一月牙的针数由图 8-3 中的齿轮传动决定。$Z_3 \sim Z_{10}$ 为四对齿轮，Z_{10} 与复合凸轮固接，Z_8 与 Z_9 是离合齿轮，由圆销连接，运转过程中经这四对齿轮减速后传动复合凸轮。若操作停花手柄就能把 Z_9 拉开暂时脱离 Z_8，这样复合凸轮也就暂停不转了；松开停花手柄由弹簧复位，Z_8 与 Z_9 又合为双联齿轮投入传动。

　　(2)针板移动机构和切刀机构　针板带动面料左右往复的机构和切刀机构如图 8-4 所示。图 8-4a 所示是自台面以下向上仰视的图形，O_1 即图 8-3 中所示的凸轮轴线，在轴的下端固装着一个复合凸轮 20，其端面上装一个抬刀三角 11，凸轮每转一周，抬刀三角 11 推动滚子 13 带动杆 12 在与图面垂直的方向运动一次。为了观察方便绘出图 8-4b，杠杆 18 一端固装了上切刀 19，杆 12 上的 P 处经滑杆 17 每压杠杆 18 一次，上切刀固装在台面上的下切刀一起对面料就切一次口，即每一个月牙切一次口，经缝纫以后就把多出的一点料边缝入缝内形成月牙边。滑杆 17 的弹簧用来复位。至于针板的运动则是由复合凸轮反面的单花沟槽凸轮决定的，即离台面近的那个凸轮通过角形杆 14、可调连杆 15，使针板 16 垂直于送料方向带着面料往复运动，一次往复形成一个月牙。由于不能靠重力使针板 16 贴紧位移面运动，所以加上了弹

簧 S ,使针板能贴着机架上的位移面移动。

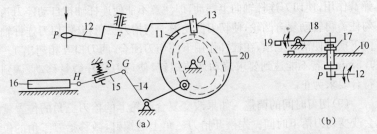

图 8-4 针板带动面料左右往复的机构和切刀机构

10. 台面 11. 抬刀三角 12. 杆 13. 滚子 14. 角形杆 15. 可调连杆

16. 针板 17. 滑杆 18. 杠杆 19. 上切刀 20. 复合凸轮

注:件号接图 8-3。

三、使用中的调整

(1)**压脚板调整** 压脚间有齿板,应能完全接触,齿口应相互吻合。

(2)**压脚杆的调整** 月牙机自动停车后压脚要自动抬起,手动也能合上,若不能则调整抬压脚杆的调节螺钉,使其能正常使用。

(3)**压脚压力的调整** 旋松锁紧螺母调整压力的大小,压脚压力应视面料厚薄而定,一般应控制在缝料能压紧即可,若压力太大会损坏零件。

(4)**复合凸轮的调整** 压脚压住纸片或布料,机针运动一次,如月牙形的缝迹形状不符合要求,应调整或调换复合凸轮,直到符合要求为止,调整或调换后应牢固锁紧各连接螺钉。

(5)**针板调整** 将移动针板移动到最后,看移动针板与移动轨道是否平行,如果不平行则应反复调整针板机构的定位螺钉,使其配合平行并移动灵活。

(6)**机针摆动与针板移动的配合调整** 若机针摆动与针板移动配合不好就会碰针,使机针碰毛、跳针或断针。调整时应先确定针杆摆动的情况,再调整针板移动量调节轴,进行反复调整,使其配合一致。

(7)**切刀的调整** 必须使切刀切痕整齐,把针杆摆到左极限位置,刺下机针,使针刺孔和切刀切痕保持 0.8~1.3mm 的间距。若缝料不能切开,按需要调整压力调节螺母,若缝料不是前后全部切开,按需要旋转偏心调整螺钉。

（8）**切刀机构的调整**　将月牙固定刀与月牙活动刀张开，由于滑杆弹簧作用，使切刀连杆轴向上摆动，但注意不能使连杆轴被自动停刀钩勾住。再转动复合凸轮，使切刀凸轮滚子与抬刀三角相碰，切刀连杆轴向下摆动使滑杆上顶，在杠杆作用下使切刀闭合，两刀口互相超出 1～1.5mm。若不能达到要求旋动调节螺钉，使切刀杠杆微量移动，调到符合要求为止。

（9）**切刀时间的调整**　如果改变复合凸轮上的抬刀三角的位置就会改变切刀落下时间。先松开抬刀三角上的螺钉，微移抬刀三角的位置，反复调整，使切刀时间符合要求。

（10）**凸轮从动杆的调整**　将机器翻倒，拨动所需调整的凸轮转动，使调整的凸轮从动杆转至凸轮最小半径与滚子中心重合即可。

其他机构的调整参阅平缝机和平头锁眼机。

四、常见故障及排除方法

一般的断线、跳针、断针、针迹浮线、绕线、缝料损伤、噪声以和运动系统、针杆摆动机构的故障及排除方法，参阅平缝机和曲折缝缝纫机的故障及排除方法。

针板移动机构的故障及排除方法见表 8-3。

表 8-3　针板移动机构的故障及排除方法

故障现象	故 障 原 因	排 除 方 法
经常断针	旋梭或梭架托有毛刺，梭架里嵌入线头或污物，旋梭与梭架托尖端间隙太小，针板移动与机针下刺不协调；针板、针孔有毛刺，机针与压脚相碰，机针与移动针板相擦；旋梭盖簧与针相擦或起毛，梭架与机针相磨，机针弯曲，厚重缝料，面线过紧或过松，机针与移动针板相擦	把旋梭或梭架托用油石、砂纸磨光，拆下梭架去除线头、污物。扳弯梭架托两端，使间隙保持在 0.3～0.5mm；反复调整针板移动凸轮和针板位置及机针下刺时间；针孔内用细砂布条拉光或调换，调整压脚位置；调整旋梭盖簧与针的间隙为 0.1～0.3mm，更换梭盖簧片和机针；调节梭架与机针的间隙为 0.05～0.1mm，调换机针；调节夹线板夹力；反复调整针板移动凸轮，使针板位置与机针下刺时间配合而不相擦

续表 8-3

故障现象	故 障 原 因	排 除 方 法
月牙形缝迹不符合要求	复合凸轮的凸轮曲线槽不符合要求,各连接件松动,滚子在凸轮槽内有时脱出,拉紧弹簧失效	更换复合凸轮或采用涂色法修刮凸轮槽,使其保证精度。拧紧各连接螺钉,更换弹簧
月牙形缝迹不能形成	复合凸轮没有转动,凸轮的传动齿轮没有转动,凸轮与凸轮轴没有连接键,轴向窜动量过大,凸轮从动杆的凸轮滚子不在凸轮槽中,针板移动角形杆与连杆轴松动或脱开,调节轴螺钉与针板连接处松动,针板不能移动	传动齿轮磨损应及时更换,重新组装凸轮和齿轮,装好连接键,再组装凸轮;镶上轴套或更换轴,使轴间窜动量<0.1mm,重新组装使滚子在凸轮槽内滚动自由,将各连接件的螺钉拧紧
月牙形缝迹过稀或过密	月牙的缝迹过稀,每个月牙的针数不够,过密则每个月牙的针数太多,针板移动时间与针刺速度不相配	每个月牙针数过稀,应提高针速,调整针板移动时间,每个月牙针数过密则应降低针速,调整针板移动时间

②月牙切刀机构的故障及排除方法见表 8-4。

表 8-4 月牙切刀机构的故障及排除方法

故障现象	故 障 原 因	排 除 方 法
切口不整齐	固定刀和活动刀长期切割而磨损不锋利,两刀口没有全部啮合,前后刀口不平行,切刀压力不够	经常刃磨刀口,使刀口锋利,旋转偏心调整螺钉,使刀口全部啮合为止,调整切刀的压力
切口与缝迹形不成月牙形	切口进入缝迹内,切口离缝迹太远	把针杆摆到最左位置刺下机针,调节切刀机构的位置,使针刺孔与切刀切痕保持0.8~1.3mm的间距;微量调整应旋动调节螺钉,使切刀杠杆支点微量移动,直至达到调整要求为止
切刀没有切割,机针就刺布	切刀下落时间和机针刺料时间没有调配好	松开复合凸轮的抬刀三角的螺钉,微移抬刀三角位置,使切刀提前下落切料

续表 8-4

故障现象	故 障 原 因	排 除 方 法
切刀有时连续切料	切刀杠杆弹簧力不够,切刀杠杆复位不规律,造成连续落刀,落刀顶架绕轴转动不灵,扭簧的力不足	更换切刀杠杆弹簧,落刀顶架轴注油,更换扭簧
切刀有时下落	落刀曲柄、落刀顶架和抬刀三角的弹簧力不足,落刀曲柄压簧把落刀曲柄压得过紧;自动停刀钩调整不当,把落刀曲柄上的扳手勾住,使落刀曲柄不能工作,切刀杠杆就不能落下。切刀杠杆调节螺栓的位置不正确,切刀降不下来	增加弹簧力或更换新弹簧,把落刀曲柄压簧调到能使落刀曲柄自由滑动为宜;排除切刀杠杆在滑槽中的别劲现象,加油润滑;调节停刀钩上的平衡块,使落刀曲柄和切刀杠杆正常工作;将落刀摇杆与落刀曲柄凹槽下平面之间的间隙调到 0.2～0.5mm

第二节　抽　褶　机

一、技术规格

　　抽褶机和装饰线机类似,一般用于窗帘、床罩、室内装饰物、女装、女裙、夹克等的制作。通常采用抽纱缝、边饰缝以及其他装饰缝,线迹为双线链式线迹、单线链式线迹、特殊绷缝线迹、锁式线迹和包缝线迹等。抽褶机和装饰线机采用双线链式线迹的机型较多,其面线一般用普通缝纫线,而底线是采用弹力线,只要压脚更换成排褶盘压脚,就能使面料抽褶并得到抽褶线迹。抽褶机和装饰线机是在平缝机的基础上发展起来的,其技术规格见表 8-5。

表 8-5　抽褶机技术规格

型　　号	DTN-12. V. T MN-12. V. T	DTN-16. V. T MN-16. V. T	DTN-25. V. T MN-25. V. T
针数	12	16	25
针距/mm	4.8	4.8	4.8
总针距/mm	52.4	71.2	114.3

续表 8-5

型 号			DTN-12. V. T MN-12. V. T	DTN-16. V. T MN-16. V. T	DTN-25. V. T MN-25. V. T
面料导片的种类和数目	抽褶固缝宽度/mm		2、5、8	2、5、8	2、4～5、6～8
	左折/mm	标准	上 13、下 12、12、8	上 17、下 16、16、8	上 26、下 25、13、13
		特殊	下 5、4		
	右折/mm	标准	上 13、下 12、12、8	上 17、下 16、16、8	上 26、下 25、13、13
		特殊	下 5、4		
	正中		上 1	上 1	上 1
压脚数目	平织物		1	1	1
	多层抽褶		1	1	1
最高转速 /(针/mm)	DTN 型		2 500	2 500	2 500
	MN 型		2 000	2 000	1 500

注:①MN 型号不但能抽褶而且可加花式线形成抽褶刺绣图案。

②MN 型的标准凸轮有 18 只,附加凸轮有 22 只。

③使用针号均为 DV×57。

　　抽褶机可将面料折上一个个小褶子花纹。抽褶机按机针排针的针数不同分为双针抽褶机、三针抽褶机、四针抽褶机、多针抽褶机、V 形抽褶机、多针松紧线缝抽褶机和单针抽褶机;按抽的褶子花纹状态不同分为明缝褶机、宽明缝褶机、暗缝褶机、宽暗缝褶机、半滚半缝机、花边明缝褶机和插入细绳明缝褶机等;按照抽褶方式不同分为垂直于送料方向的褶缝机和平行于送料方向的褶缝机。

二、抽褶机的结构原理

　　抽褶机机头结构如图 8-5 所示;其机构传动路线如图 8-6 所示。

　　抽褶机线迹一般采用双线链式线迹系统或以此为基础形成特殊绷缝线迹。面线为普通线,底线可用普通线,也可用弹力线使面料抽褶。当底线是普通线,用于一般缝纫时,能得到平滑的线迹,用于抽褶缝纫时,只要变换压脚就能得到抽褶线迹。下面对适应面较广的、以双线链式线迹为基础的机型进行介绍。因为刺料机构、挑线机构、梭传动机构与普通链式缝纫机相同,所以这里只对特殊机构(抽褶机构、排褶盘机构)进行说明。

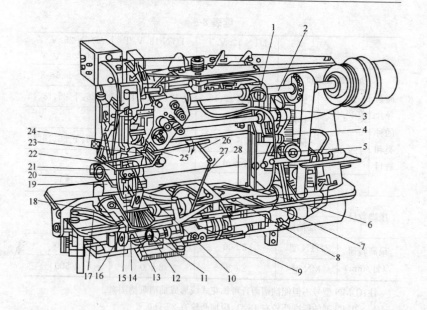

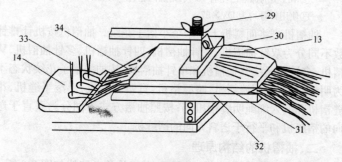

图 8-5　抽褶机机头结构

1. 曲柄机构　2. 主轴　3. 连杆　4. 调节连杆　5. 下铲板摆杆　6. 沟槽凸轮
7. 沟槽凸轮摆杆　8. 沟槽凸轮连杆　9. 上铲板杆　10. 上铲料板　11. 下滚轮偏
心套　12. 下滚轮偏心轮　13. 上排褶盘　14. 压脚　15. 销子　16. 下滚轮连杆
17. 下铲料板　18. 下滚轮摆杆　19. 下走料滚轮　20. 超越离合器　21. 上走
料滚轮　22. 加压架　23,25. 上滚轮摆杆　24,27. 上滚轮连杆　26. 上滚轮摇杆
28. 下铲板杆　29. 排褶盘压紧螺钉　30. 排褶盘压紧架　31. 面料导杆片
32. 下排褶盘　33. 缝针　34. 面料

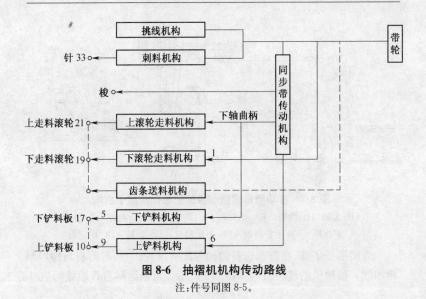

图 8-6　抽褶机机构传动路线

注:件号同图 8-5。

(1)**抽褶机构**　抽褶机抽褶有两种,一种垂直于送料方向,另一种平行于送料方向。

(1)**垂直于送料方向的抽褶机构。**图 8-7 所示为日本 DTN 和 DTR 系列,6~25 针多功能排褶缝纫机的铲布形成褶子机构。主轴 O 分两路传动,一路是通过两级同步带传动铲料沟槽凸轮 1,使杆 2 摆动,再经连杆 3 使构件 4 摆动;另一路则通过曲柄摇杆机构 $OABO_1$ 使杆 5 往复摆动。运动副 B 取球面副是为了减少安装难度,即使杆件略有偏斜,机构仍能正常传动。接下来的 $O_1CDEFGHI$ 为空间七杆机构,机构自由度为 2,有摆动输入件构件 4 和杆 5,所以输出件铲板杆 9 有确定的运动。铰接于铲板杆 9 上的上铲料板 10 与下铲料板 11 变速交替铲料,使位于板下的面料 12 打褶。铰链 K 处的扭簧可使下铲料板 11 始终压向面料 12,如图 8-7b 所示,而上铲料板 10 上的拉簧则使料铲沿固定板 13 表面运动。当缝针抬起后,料铲把料推移超出针杆运动线位置少许,针杆下降时料铲让开,由链式线迹把褶子固定。机构中的回转副 C 是可调的,能够调整杆 5 的长度,改变料铲的运动,从而按要求形成褶子。

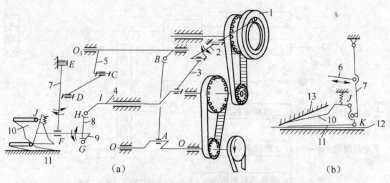

图 8-7　多功能排褶缝纫机的铲布形成褶子机构

O—主轴　1.沟槽凸轮　2、5、6.杆　3、8.连杆　4.构件　7.摆杆
9.铲板杆　10.上铲料板　11.下铲料板　12.面料　13.固定板

为使褶子平整,在齿条送料的同时配有滚轮送料,对薄料与中厚料均如此。抽褶机的送料机构如图 8-8 所示。齿条送料与普通缝纫机基

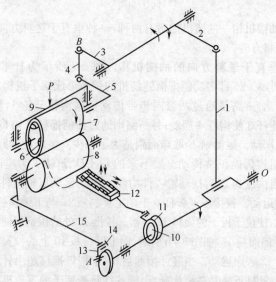

图 8-8　抽褶机的送料机构

1、4、13.连杆　2.摇杆　3、5、15.摆杆　6.超越离合器　7、8.滚轮　9.加压架
10.偏心轮　11.偏心套　12.送料齿条　14.销子

本一样,偏心销 A 的位置可调,即曲柄 OA 长度可调。滚轮拉料也是由主轴 O 传动的,经曲柄摇杆机构使摆杆 3 摆动,摆杆 3、连杆 4、摆杆 5 和机架组成空间四杆机构(为抬起滚轮 7 而设为球面副,缝纫时实际上是双摇杆机构)。在滚轮 7 内装有超越离合器 6,因此摆杆 5 的摆动只能使滚轮 7 产生图中箭头所示方向的间歇传动,同时滚轮 7 依靠支架压力把面料紧压在滚轮 8 上,使织物随滚轮 7 的转动送出。通过调节球面副 B 的位置可调整摆杆 3 的工作长度,使滚轮的拉料长度适应齿条的送出长度。

②平行于送料方面的打褶装置。图 8-9 所示为 DTN-12 多功能排褶缝纫机的排褶盘及其在机上的安装位置。如图 8-9a 所示,件 2 与 5 分别为多种打褶上、下排褶盘,件 3 与 4 均为面料导杆,件 1 是导杆上的握持弹簧。如图 8-9b 面料从上、下排褶盘 2 与 5 之间通过,件 6 是压脚,压住收拢有褶的面料,缝针 8 沿图 8-9a 中所示的虚线运动。

各种褶子的实现,靠在排褶盘上插入不同的面料导片而成,如图 8-10 所示,图 8-10b 中所示的诸杆为插在上排褶盘上的面料导片,取左折的 13 片;图 8-10c 所示是插在下排褶盘上的面料导片,取 2mm 相间的 9 片,5mm 相间的 2 片,这样夹在中间的面料就排出如图 8-10a 所示的褶裥,图 8-10a 中的虚线表示双线链式褶裥加固缝。

改变导片或变更插法可以得到变化多样的排褶。

(2)排褶盘机构 排褶盘机构如图 8-5 所示。排褶盘机构安装在压脚 14 的前方,面料 34 先从上排褶盘 13 和下排褶盘 32 之间通过,将面料抽成褶子是靠上、下排褶盘上插入不同的面料导杆片 31,通过面料导杆片,夹在中间的面料就排出了褶裥。因此只要改变面料导杆片 31 或变更插法,就可以获得各种各样的抽褶花纹。抽褶的面料由链缝机压脚压住,进行单针或多针的双线链式褶裥加固缝纫,这样就完成了排褶盘机构的抽褶缝纫。

三、使用中的调整

①调整调节连杆和沟横凸轮连杆之间的长度,能改变上、下铲料板的运动,从而形成符合要求的褶子。

②选用和调换沟槽曲线不同的凸轮或改变曲柄机构的曲柄长度,也会改变上、下铲料板的运动规律,这样能加工出对裥、褶裥等各种褶缝。

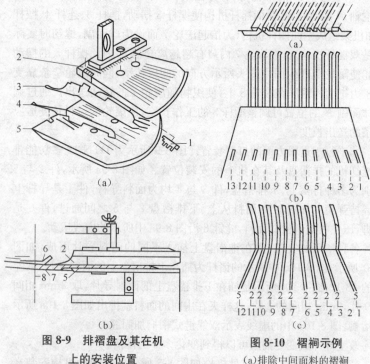

图 8-9   排褶盘及其在机
上的安装位置

1. 握持弹簧 2. 上排褶盘
3、4. 面料导杆 5. 下排褶盘
6. 压脚 7. 面料 8. 缝针

图 8-10   褶裥示例

(a)排除中间面料的褶裥
(b)插在上排褶盘上的面料导片
(c)插在下排褶盘上的面料导片

③当上、下走料滚轮的拉料长度与齿条的送料长度不一致时，通过调整球面副的位置，从而调整上滚轮摇杆和下滚轮摇杆的有效工作长度，反复调试，使滚轮的拉料长度适应于齿条的送料长度，得到有效的配合。

④将排褶盘压紧架松开脱出，上排褶盘与下排褶盘也松开，就可以抽出面料导杆，再把所需要的面料导杆片插上，就可以得到各种需要的抽褶花纹。

四、常见故障及排除方法

抽褶机常见故障及排除方法见表 8-6。

表 8-6　抽褶机常见故障及排除方法

故障现象	故障原因	排除方法
抽出来的褶裥不符合要求	上铲料板和下铲料板的运动动作不符合要求,上、下排褶盘上的面料导杆片和插法不符合要求,沟槽曲线凸轮和曲柄机构的曲柄长度不符合要求	调节沟槽凸轮连杆和连杆的长度;松开压紧螺钉,使上、下排褶盘松开,抽出面料导杆片,把达到要求的面料导杆片按要求插上,装好并拧紧螺钉;打开机器后板和底板,调整曲柄机构的曲柄长度,调换沟槽曲线凸轮
抽褶后的缝料在褶裥的垂直方向上起皱	面线或底线过紧,使缝料伸展不开;缝线过粗或弹力过大,在缝纫时受到较大力的作用而伸长,缝纫后缝线受力减小而缩短,使缝料产生皱缩;压脚压力太大,送料牙太高也会产生皱缩;上、下走料滚轮的拉料长度与齿条的送料长度不一致,造成皱缩	适当调整缝线张力,选用合适的缝线,减小压脚压力,降低送料牙高度;调节球面副的位置,调节上滚轮摇杆和下滚轮摇杆的有效工作长度;反复调试滚轮的拉料长度,使其与齿条送料长度一致
缝料的褶裥表面被咬伤或起毛	送料牙的齿尖位置太高,压脚的压力太大,上、下走料滚轮压得太紧,上、下走料滚轮的拉料长度大于齿条的送料长度,把褶裥在压脚下拉伤,上、下排褶盘的面料导杆片起毛有尖刺	适当降低送料牙的高度,减小压脚的压力,减小上、下走料滚轮的压力,通过调节球面副的位置来调节上滚轮摇杆和下滚轮摇杆工作长度,使拉料长度与送料长度一致,调换或磨修面料导杆片
褶裥缝料表面起毛并有抽丝的情况	机针针尖已钝,穿刺较厚的褶裥折叠处把缝料的纤维切断,使表面起毛并呈抽丝状,因缝料质地密而软时也可能出现,上、下排褶盘间的面料导杆片有毛刺把缝料纤维拉断	更换已钝的机针,适当加大针距,调换上、下排褶盘间的面料导杆片或修磨面料导杆片上的毛刺
褶子的加固缝线迹弯曲	针、线的规格与缝料不配合,面线和底线的张力较小,上、下走料滚轮的拉料量大于齿条的送料量,或上、下走料滚轮不平衡,拉料倾斜	合理选择适当的机针和缝线,该机使用的面线与底线的张力要比一般平缝机用线稍大点,适当加大针距,也可改善线迹的倾斜度,调节上、下滚轮摇杆的有效工作长度,使拉料与送料长度一致,调节上、下走料滚轮平衡接触

续表 8-6

故障现象	故障原因	排除方法
压脚与上、下走料滚轮之间堆积缝料或缝料走不动	上、下走料滚轮的拉料量小于齿条的送料量,抽褶缝纫的缝料阻力较大,压脚与齿条送料带不动缝料的走动	通过调节球面副的位置来调整上、下滚轮摇杆有效工作长度,加大上、下走料滚轮的拉料量,达到与齿条送料量一致的有效配合
抽褶机不能抽出褶子或有时能抽褶,有时不能抽褶	机构中有的连接件脱开,从动杆不在沟槽凸轮上,没有上、下排褶盘间的面料导杆片,面料导杆片严重磨损	检查和紧固机构中的各连接件,把从动杆上的滚子装在沟槽凸轮上,插好并插齐面料导杆片,更换有磨损的面料导杆片

第三节   珠 边 机

一、技术规格

链式珠边机又称仿手工线迹缝纫机,是近年来国内外服装业流行的机种,也是装饰用缝纫机的一种。其线迹如图 8-11 所示,为现代高、中档服装加工提供方便。珠边机技术规格如下:

最高缝速 875 针/min;

最大线迹长度 7.5mm;

针杆行程 27mm;

压脚提升高度 6mm(膝提 10mm);

图 8-11   单线链式仿手工线迹

机针规格:钩针风琴 CP×12 18 号;

　　　　　直针钻石 DB×1 18 号;

适用薄料、中厚料;

润滑方式为半自动供油润滑;

电动机规格为 1400r/min,250W,220V 单相离合式电动机。

珠边机的主要特点是有独特的线量调节装置,无论缝薄还是缝厚,线迹均稳定、美观。有完善的护针装置,在正常使用时,不跳线、不断针。

二、珠边机的结构原理

珠边机按其勾线机构形式不同可分为旋转式勾线机构类珠边机和摆动式勾线机构类珠边机。这两类机种从机构工作配合完善上看,摆动式勾线机构类优于旋转式勾线机构类。

(1)**旋转式勾线机构** 旋转钩针和小弯针在使钩针勾上线环后,旋转钩针旋至中心处时,缝线脱离旋转钩针,此时缝线就失去控制。由于缝线旋向捻度的关系,失控的缝线扭成麻花状,待挑线杆上升时,扭成麻花状的缝线容易形成结团,难以形成理想的线迹。尤其是较粗的锦丝珠边线很容易如此。

(2)**摆动式勾线机构** 摆动勾线机构的大、小弯针在使直钩针勾上线环并不断上升至缝料的过程中,缝线始终都受到机构的控制。机构的协调配合上较为完善。

(3)**主要机件的功能** 以摆动勾线机构为例,珠边机与其他机型不同的是针夹头上除直针外,增加了一支直钩针。直针的任务为:

①穿透缝料将缝线引至缝料下,抛出线环。而大、小弯针则将直针上的线环引至穿透缝料的钩针弯钩上,并控制其钩针上的缝线,使其稳固地到达缝料。

②钩针上升,钩针勾上缝线带出缝料,送料牙将缝料送进一段距离后,直针下降,针尖准确地插入钩针的线环中。

(4)**珠边机的成缝过程** 珠边机成缝过程如图 8-12 至 8-16 所示。

①如图 8-12 所示,直针从最高极限位置下降,针尖与缝料表面相切时,挑线杆上升到最高极限位置停止收线。此时的送料牙送进也到达极限位置。

②直针继续下降穿透缝料,挑线杆下降输送所需要的线段,送料牙下降,当直针下降到下极限位置时,大弯针摆动至极限位置,如图 8-13 所示。

③直针上升 $0.7 \sim 0.8 \mathrm{mm}$ 时,直针短槽处抛出一个线环,此时大弯针针尖运动到达直针中心线,如图 8-14 所示,勾住直针抛出的线环。

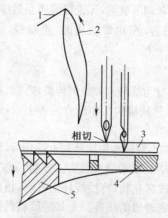

图 8-12　成缝过程（1）

1. 挑线杆　2. 挑线杆轨迹

3. 缝料　4. 针板　5. 送料牙

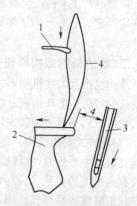

图 8-13　成缝过程（2）

1. 挑线杆　2. 大弯针

3. 直针　4. 挑线杆轨道

④大弯针勾着线环摆动到达直钩针中心线位置时，小弯针针尖运动到达钩针处，如图 8-15 所示，以挡住线环。

⑤大弯针继续勾着线环摆动、小弯针推进，使挡住的线环到达小弯针针尖的根部并越过直钩针。此时上升的直钩针勾入大、小弯针提供的线环内继续上升。当直钩针上升到达针板孔时，如图 8-16 所示，大、小弯针释放线，挑线杆终止下降输线。

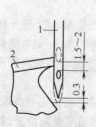

图 8-14　成缝过程（3）

1. 直钩针　2. 大弯针

图 8-15　成缝过程（4）

1. 小弯针　2. 大弯针

⑥直钩针勾着缝线上升到达缝料表面时，送料牙尖上升至针板表

面相切位置(上升过早,有挂纱现象)。

⑦针夹头继续上升,送料牙送进、挑线杆上升收线、针夹头上升达最高极限位置并下降,直针在下降时要完成准确地插入直钩针带出线环中的任务。

三、使用中的调整

(1)**润滑** 开动机器前应对润滑油杯、小油杯、下轴油杯、针杆加油

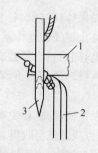

图 8-16 成缝过程(5)

1. 小弯针 2. 大弯针 3. 直钩针

孔、送料抬牙轴孔和底板上各运动部件加油,通过油窗观察油量,不可加得过满,以免全损耗系统用油溢出,并使油线浸润饱和。小油杯每个工作班加油不少于一次,润滑油杯和下轴油杯视油量适时加油。

针板上的偏心轴滑块加油孔每班至少加油一次,加油时应将机针提升到上极限位置。

(2)**操作要点** 机器直线缝纫时宜匀速,以便得到更完善的线迹。缝制转角部位时,要使机针脱离缝料后再转动缝料,以避免造成人为的断针。缝纫结束后,线头从缝件根部剪断,以避免线迹散脱。

(3)**机件的运动关系** 珠边机的线迹是一种特殊的链缝线迹,成缝原理较复杂,在使用过程中如果调整不当,容易产生跳线现象,有时甚至不能成缝。要正确、顺利调整,首先要了解其工作原理,也就是要了解下述六个关系。

(1)针杆高度与缝厚、缝薄的关系。针杆高度的确定决定着珠点线迹收缩的松紧程度及链式线迹的松紧,针杆过高或者过低都会导致线迹不理想或者跳线。

改变针杆高度,就改变了直针针尖从上极限位置下降到接触缝料但未刺入缝料这一瞬时,挑线杆终止提线的配合快慢。一般来说,钩针尖从上极限位置下降到针尖接触缝料但未刺入缝料时,挑线杆终止提线为理想的配合。

GK41 型珠边机出厂前一般是按缝厚 2.5~3.0mm 来调整的。如果实际缝厚超过该值,同时又觉得面线(链式面)线迹过紧,可适当提高

针杆。如果针杆过低,针尖刺入缝料的时间就快,相对挑线杆来说,挑线杆终止提线的动作就迟,从而就会引起珠点线迹不易收紧,呈现珠点松弛,同时也会导致珠点线迹过长。若钩针上的线环紧,提供给直针插入线环的面积小,直针不易插入线环造成跳线,同时链式线迹过紧。

如果针杆过高,针尖刺入缝料的时间迟;挑线杆终止提线的动作早,则珠点线迹就会收得紧,珠点线迹长度看上去也短、美观。但钩针上的线环会过大,由于缝线捻度的关系,钩针上的线环容易扭曲,直针不能插入线中造成跳线。

②直针与大弯针的关系。直针下降到下极限位置后再上升0.7～1mm,大弯针针尖从后极限位置运动到直针孔上方 1.6mm 处,并与直针中心线重合,这个配合能得到直针上理想的线环。如果上升距离过大,线环也大,过大的线环在小弯针推线时,该推的线从小弯针下方逃脱,于是产生跳线。调整偏心轴可得到直针与大弯针理想的配合。

③小弯针与钩针的关系。大弯针钩上直针线后,小弯针的作用是小弯针要能有效地挡住直针右侧的线。待大弯针勾住直针线摆到或摆过钩针处时,小弯针下部将大弯针上的线推过钩针,使钩针上升时可靠地勾住小弯针推过来的线。小弯针推的线不能过松,过松说明偏心轴的配合过慢。小弯针的高度宜高不宜低,小弯针高一些能使钩针更可靠地勾住上线。钩针安装的角度要使之有利于勾住小弯针推过来的缝线。

④偏心轴转动快慢与大小弯针的配合关系。偏心轴的快慢直接影响直针上线环的大小和小弯针能否准确地推大弯针摆过下部的线,使钩针勾住上线。

偏心轴快,直针从下极限位置上升的距离小,因此线环也就小。直针的上升距离<0.7mm,就会使大弯针勾不上直针的线环。偏心轴慢,直针上升>1.0mm,线环过大。过大的线环会在大、小弯针之间松垮而失去控制,从而出现跳线。另外还会出现直针下降时冲撞大弯针导致直针变形,甚至造成打断钩针或小弯针的严重后果。偏心轴调整不当还会造成不能成缝。

⑤送料牙与直针的关系。直针和钩针下降至缝料时,送料牙的送

料工作应完全结束,否则会打断钩针或小弯针。这是因为机针插入缝料时,送料牙还在向前送料,这就会使直针和钩针弯曲,使钩针冲撞小弯针或者直针冲撞针板。

⑥直针与钩针的关系。直针与钩针的中心连线要平行于送料方向,这是因为直针要准确地插入钩针上的线环中才能形成线迹,否则就会产生跳线。

(4)调整标准

①针杆运动在上极限位置,直针针尖针板上平面的距离为 9.0~10.0mm,如图 8-17 所示。

②大弯针后退到极限位置时,大弯针尖至直针中心线的距离为3.0~4.0mm,如图8-18所示。

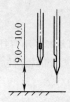

图 8-17　直针针尖与针板平面的距离　图 8-18　大弯针后退至极限位置时,
大弯针尖至直针中心线的距离

③大弯针与直针之间的间隙不可大于 0.05mm。

④当大弯针针尖运动到直针中心线位置时,大弯针针尖应在直针针孔上方 1.6mm 左右,如图 8-19 所示。

⑤反向转动上轮时,大弯针针尖与直针针尖的相对位置。反向转动上轮,当大弯针针尖运动到直针中心位置时,大弯针针尖应与直针针尖相交,如图 8-20 所示。

图 8-19　大弯针针尖
到直针针孔上
方的距离

⑥大弯针针尖运动到钩针中心线位置(纵向)时,小弯针针尖也应到达钩针的中心线横向位置,此时大弯针针尖与小弯针下缘应有0.5~1.0mm 的间距,大、小弯针的相对位置如图 8-21 所示。

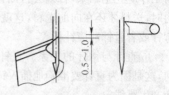

图 8-20   大弯针针尖与直针
针尖的相对位置

图 8-21   大、小弯针的相对位置

⑦小弯针与钩针之间的间隙应
≤0.1mm。

⑧小弯针运动到极限位置时，小弯针
的推线平面应在钩针中心线的前面 2.0～
2.5mm 处，如图 8-22 所示。

⑨钩针针尖接触缝料时，送料牙齿尖
应下降到与针板上平面相平。

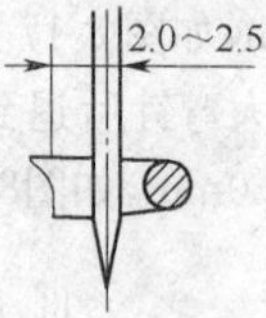

图 8-22   小弯针，与钩针
的相对位置

⑩缝线张力约为 2N。

⑪挑线簧的行程在 10.0～15.0mm，张力约为 0.3N。

（5）调整方法

①针杆位置的调整。珠边机的针杆行程较小，一般都在 27mm 左
右。机针安装的高低视针杆行程的大小而定。如果针杆行程是
27mm，直针在上极限位置，针尖距针板平面 9～10mm。目视调整针杆
高低的方法：转动机轮，挑线杆上升达极限位置，旋松紧定针杆的紧定
螺钉，使针杆上的直针针尖调至缝料表面相切的位置，再拧紧针杆紧定
螺钉。试车观察线迹松紧。如线迹过松，可将针杆下降少许；如线迹过
紧，可向相反方向调整。

②直针与大、小弯针同步的调整。同步协调配合的前提首先是确
定针杆高度。直针下降到极限位置，大弯针针尖后退到极限位置与直
针的距离为 4mm。这两者保证后再确立偏心轴运转的速度。

③偏心轴速度的调整如图 8-23 所示。直针从下极限位置上升
0.7mm，大弯针摆动至直针中心线位置。如大弯针摆动超越直针中心
线，则偏心轴运转为快，要旋松偏心轴紧定螺钉，将偏心轴向图 8-23 中

所示箭头方向旋转,直至大弯针针尖达到直针中心线为止,再拧紧偏心轴紧定螺钉。

如果大弯针针尖还未达到直针中心线,则偏心轴运转为慢,那么将偏心轴向图 8-23 中所示箭头相反的方向旋转,直到大弯针针尖达到直针中心线为止,而后拧紧偏心轴紧定螺钉。

大弯针针尖距直针孔上方 1.6～2mm。大弯针针尖距直针间隙尽量为 0,大弯针针尖要锐利。偏心轴转得太快,直针线环

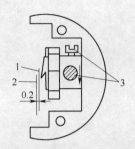

图 8-23　偏心轴转速的调整
1. 直针　2. 钩针　3. 偏心轴紧定螺钉

就太小,大弯针针尖难于勾进直针上的线环中,极易造成跳线;偏心轴转得太慢,会使大弯针勾着的线环太松弛,即当小弯针推线时,太松弛的线环不易到达小弯针上的指定位置,或从小弯针的下面逃脱。在偏心轴调整的准确度上,需要调整者精心细致,或者具备必要的测量工具,如游标卡尺。

④大弯针与直针间距的调整。大弯针后退到极限位置与直针间距离一般为 4mm。调整到这样的位置可避免钩针在下降时扎伤小弯针。以钩针下降时与小弯针两者不相交为标准。

⑤送料牙与直针、钩针配合关系的调整。机针从上极限位置下降,针尖下降到达缝料表面时送料牙送进停止,否则会使机针变位,扎伤针板,或扎伤大、小弯针,或打断直针、钩针。

直钩针勾着线环上升,当钩针钩上升到与缝料表面相切位置时,送料牙尖应上升到与针板上平面相切位置。如上升过早,送料牙将缝料托起,缝料未经压脚和针板之间压展会变得松弛,易产生挂纱现象。

送料牙的调整要求先松开上主轴上的送料凸轮螺钉,转动调整送料凸轮来进行调整,调整好后拧紧送料凸轮螺钉。

⑥直针与钩针位置关系的调整。直针与钩针的位置请参照图 8-23,直针与钩针两中心线之间距离为 0.2mm,处于这样的位置大弯针不会擦伤钩针,能使直针针尖准确地插入钩针线环中。